# FURNITURE
# MAKEOVERS

# 手改旧家具
# FURNITURE
# MAKEOVERS

新手都能学会的旧家具改造技术

作者
## 芭波·布莱尔
BARB BLAIR

摄影
## 杰·艾朗·格林
J. AARON GREENE

中原农民出版社
·郑州·

# 目录 CONTENTS

# 目录 CONTENTS

# 推荐序

何莉·贝克　知名博客 Decor8博主，《Decorate and Decorate Workshop》作者

　　第一次见到芭波·布莱尔，是在我办在 Anthropologie（美国著名的中高档时尚购物商城。译者注）苏活区店的签书会上。我永远忘不了当时她向我作自我介绍的那一刻，因为那一刻我们的友谊才真正圆满了。当时，她给了我一个温暖的大拥抱，我立刻就明白了我们之间的那种难以言喻的熟悉感，这种心意相通的感觉是勉强不来的。我和她有许多共同之处，都是南方人（虽然我现居德国），热爱生活和家人，而且真心喜欢自己的工作。当时的芭波顶着一头挑染成亮蓝色的头发，不知道为什么我对这件事的印象十分深刻，或许是因为我没有想到这么出色、有才华的她也有很前卫的一面吧。芭波十分具有感染力，她简单、独特的特质也直接反映在她 Knack 工作室的每一件作品上。

　　Knack 工作室里的每件家具都是芭波的心血，她用一种玩转生活的态度来从事她的工作，也因为如此，她能从其他从事改造家具的人群中脱颖而出。Knack 里的家具好比艺术品，每一件都有独特的风格——甚至有自己的名字！只要看看普伦缇斯（P128）、朱尔斯（P138）和尤朵拉（P154），你就知道我在说什么了。芭波触摸过的一切都会被施上魔法，她的创意无穷无尽，而她的灵感也总是鲜活有个性。

　　芭波在这本书里详述了她所有的灵感、想法和创作过程，相信也能让你在DIY 创作时激发出不同的火花。同时，此书也能让你的创意能无限延伸，因为芭波不只拥有改造的天分，她更是一个能让人备受鼓舞的传道者。这可不是一本枯燥的教学手册，打开它，让芭波成为你最好的朋友，陪伴你一起在自家车库里磨砂、喷漆。让她在你做错时幽默地开你玩笑，成功时和你一起庆祝。身为一位设计师，我无时无刻不在找寻鲜活的居家装修灵感，而这本《手改旧家具》里面满满都是创意，我真是等不及要把它摆上我的书架，并亲自体验一下里面的改造工程！

　　希望再次和芭波见面时，我们能对调角色，由我去参加她的签书会。这本书确实独一无二，让你一窥芭波改造家具的独门秘诀，将她的独特魅力带进你的家门。

献上爱

**何莉·贝克**

# 作者序

2000年，我先生和我搬进了现居的这栋完工于1970年、有着甜美黄色外表的房子。当时，我们一走进屋内，就爱上了屋内的装潢、桌子和书架，也是从那时起，我开始喜欢上了涂漆。

屋子里唯一美中不足的是橱柜既黑又旧，这个问题亟待解决，但我们却没有钱全部拆掉重做，因为当时我们只是个带着两个学步娃儿又没什么钱的小家庭罢了。于是，我决定自己给橱柜上漆。我还记得当时我先生的表情，他问我："你确定吗？"我很确定地点了点头。我出门买了几桶油漆和 Ralph Lauren 的深色釉料，然后就开始着手改造橱柜了。

当时有好多橱柜要处理，所以我必须边摸索边学，毕竟那时候还没有现在的博客等在线教学这方面的信息。我利用中午和晚上孩子们上床睡觉后的时间研究，3周后我深深爱上了涂漆，它所拥有的改造能力让我欲罢不能。我家的橱柜到现在还是维持着当时我改造后的老样子，我并不想改变它们，因为它们让我找到我的热情。放手去做一项看似难如登天的工程是绝对值得的，所以卷起你的袖子，然后去完成这项困难的任务吧！

有了这次经验，我开始给家里的其他家具上漆，并且开始捡拾路边被人丢弃的家具，也会不时跑去 Goodwill 和 Salvation Army 淘宝。我开始实验各种涂料和五金，直到摸索出自己的一套方法和风格。我完全是自学而成，你也可以说我是在不断试验和错误中学习。我开始改造

家具后就无法自拔，一件接着一件，而人们也开始注意到我的作品，并表示想把它们买回去装点自己的家。

能够发挥创意改造家具，并且和他们分享我对家具改造的热情让我十分兴奋。几年后，我的业务范围逐渐扩大，因此成立了一间专属于我自己的工作室——Knack，我每天都在那儿进行家具的涂装和改造。如今，我改造的家具被卖到全美各地，甚至卖到日本东京去了！Knack可以发展到现在这样的规模，我真的非常高兴，也对能够每天从事自己喜爱的工作心存感激。

然而，我不是唯一有能力亲手改造家具的人，你也可以轻轻松松创造出属于你的家具。改造家具之所以美妙，是因为你只要凑齐几项重要的原料，就能做出漂亮的设计，这本书里我列举了所有我最爱的工具和技巧，加上详细的解说步骤，希望能帮助你迈出改造的第一步。这些全都是我每天在工作中会用上的技巧，你能学到如何脱漆、磨砂、着色、运用模板等许多的技巧！本书最后的部分是30件改造的范例，它们全是我最喜欢的改造家具，并附上能让你复制它们外形的技法。我真心希望本书能激发你创作的热情，让你看到隐藏在你身边的美好事物，卷起你的袖子，开始去创作属于你的大师级作品吧！

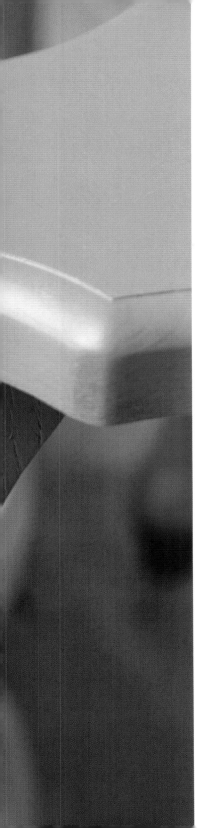

# 寻宝去
# THE HUNT
## 如何找到你的完美物件
## HOW TO FIND YOUR PERFECT PIECE

## 地点 WHERE TO LOOK

　　家具寻宝真是再美妙不过的事情了！我喜欢通过我熟悉的门路挖宝，如 Salvation Army（救世军慈善义卖）、 Goodwill（仁慈慈善机构）、遗产拍卖会和当地的跳蚤市场等。就我个人而言，我最喜欢的是遗产拍卖会，因为一次就可以买到很多件家具，而且它们的质量通常都非常好，就算不是大量购买，这种拍卖会依然可以让你买到不错的单品。建议你可以翻翻当地报纸，查询拍卖会的日期和时间。基本上，跳蚤市场和二手店是最省钱的渠道（但这两年来这两种渠道的家具明显变贵了）。当你在跳蚤市场血拼时，一定要好好检查，别一时冲昏了头。有时候在户外的跳蚤市场，因为刺眼的阳光，会让你检查不出家具是否有异味、污渍，而且凹凸不平的地面也会让你无法检查家具的稳定度。在本章节，我列出了推荐的检查项目，请务必检查后再做出选择。在跳蚤市场，你可以开心度过一整天，因为除了家具，你还能找到其他更多的东西，所以一定要记得带上足够的现金、大型购物袋、墨镜、零食，和一辆容量够大、能载走你所有的战利品的车子。另一个能挖到宝藏的门路就是联系当地的古董商，有些古董商会买下遗产拍卖会的所有权，自己主持，他们会很乐意主动联络并告知你拍卖会的相关信息。家具托售店也是一个能找到好物件的渠道，但就我以往的经验来看，他们收取的费用较高，所以通常不是我的首选。

# 要找什么 WHAT TO LOOK FOR

## 风格 /PERSONALITY

　　选购家具的时候，我喜欢挑具有独特个性的物件，事实上，我还会帮我的作品取名字，例如蒂莉、格特鲁德、弗南和海斯帕等以带出它们的个性。有时命名的灵感是直接来自这个家具的有趣之处，而有时则从它的前任主人取得灵感。有次在我开始改造某件从遗产拍卖会买来的家具时，发现某个抽屉后面藏了十首诗。我把它们也融入了我的设计里面，然后把我最爱的那几首诗影印成抽屉的内衬纸，固定在那格小抽屉里面，最后以诗人的名字命名为"詹金斯"。在我眼里，每件作品都是独一无二的。没人认为有价值的物件，我却总是跃跃欲试，等不及要马上进行改造。

## 木材 /WOOD

　　首先，我不喜欢加工非实木的家具，也不会对塑合板或贴上纸皮（纸皮是在组合板上贴上一层薄薄的木纹纸，因为是纸所以没办法磨砂）的家具多看一眼。真实木皮因为可以磨砂，所以倒还可以接受，但是我也只能接受贴木皮的物件。我是实木家具的爱好者，也深信除了实木之外的其他素材都很难呈现出完美的效果。

## 状态 /CONDITION

　　确认木材种类之后，下一个动作就是开抽屉，然后尽量把头塞到深处深深地吸一口气，只要里头残留一丁点儿烟味，我就会马上关抽屉走人。早期我曾为此付出代价，查遍了所有的书籍和网络设法去掉烟味，但无论如何就是办不到，所以我发誓决不购买有烟味的家具。第二种要检查的味道是强烈的霉味，不过要去除这个倒是比较简单，只要用品质不错的漂白水清洁，再拿到大太阳下晒个几天就可以了。但是要我选择的话，我还是希望不要冒险，毕竟我的作品大都会拿出去销售，所以它们除了必须"零异味"之外，还得通过其他检查项目。

　　接下来我会检查抽屉。里面都有滑轨吗？是木头轨道还是金属轨道？轨道有没有坏掉？我的客户里有许多人都很在意抽屉好不好开关，所以我在这方面也会特别注意。如果真的有问题，但是简单修缮可以克服问题的话，我也可以接受。我个人基本上不会选择金属滑轨，因为它们通常都用在质量较不精良的家具上。我挑的家具大部分都是木头滑轨，因为它们的支撑力比金属滑轨更好。我也会检查所有抽屉的接榫，确保它们很牢靠，不会轻易裂掉或损坏。我喜欢漂亮的鸠尾榫，它们能让家具像拼图一样组合起来，而且必要时也能很方便地进行上胶或是修理。

　　先别误会我，有时候我也会做这种事——当我找到一件漂亮的高脚抽屉柜时，打开上层的抽屉却发现之前有人用 L 形支架和一块塑合板在后面隔出一个新抽屉，但我还是打破自己的规则，购买了它。因为我已经爱上它了，而且我知道自己能重新将它复原。最重要的是你选的物件能够给你灵感，不过在做最后决定时，记得要衡量物件的价格和你投入整修的金钱和时间成不成正比。如果这件作品你是要自己留着，或许不会在意修复所投入多少，但如果你想出售它，请记得至少要有利润才好。

若嗅不到任何异味，抽屉也没问题，接着就要检查家具的整体结构。它够坚固吗？推它时会前后摇晃吗？如果会晃，那么接下来的修复工程会花掉你不少时间和金钱。因为你可能必须得把它整个拆掉再重新组回去，一般我会跳过这个物件。如果这个家具有旋木脚柱或其他造型的脚柱，请记得要检查它稳不稳固，最好的状态是脚柱坚实牢固，没有裂痕。检查脚柱是否有曾经损坏或修补过的痕迹，修补得如何？如果有经过适当的修复，整体结构就没有问题。搬动和移动家具的时候一定要小心，并记得不要让脚柱承载任何重量，不要放在地板上拖拉，这样会磨损到物件的脚柱。可以找人帮忙，把它整个抬离地面，再搬去你要的位置。

## 表面 /SURFACE

还有一点，请记得检查物件全体表面。有刮伤吗？贴皮有没有脱落？有没有缺损或是凹痕？家具在上漆之前，这些小问题可以用上胶或填上木器填补剂进行修缮，上了漆之后就完全看不到它们的踪迹了。但是，事先知道自己要应付什么样的问题总是件好事。不太需要繁复修缮工程的家具是我的首选，好让我能够马上就开始进行改造作业。话虽如此，我也曾经手过损坏严重的家具。如果是这种情况，记得一定要在开始改造之前就好好地修复它。

这些就是我在找寻家具时简单的检查项目，不过规则是一回事，凡事总有例外（相信我，有好几次我被兴奋之情淹没的时候，甚至会不顾预算买下独特的物件）。好好评估你想花多少时间和精力改造这个物件，以及你到底有多喜欢它。质量最为重要，一件质量好的家具可以陪你快乐度过很长一段时间。

# 工具和材料
## TOOLS & MATERIALS

　　曾听有人说："选对工具，事半功倍。"我个人非常赞同这句话。世上最惨的事情莫过于工作都快完成一半了，才发现你拿着不合适的工具在上工。在这个章节，我列出了自己爱用的工具以及材料，好帮你塞满你的工具箱，也顺便厘清你对改造家具的一些疑问。除此之外，本书各种改造技巧的篇章都有列出该技巧所需的工具。书中提及的所有工具都可以在五金行、手艺材料行或网络商店里买到，一点都不难找，所以在你开工前赶快把它们弄到手吧。

# 漆类相关 ABOUT PAINTS

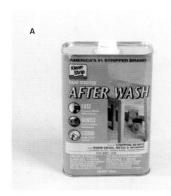

A

B

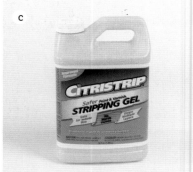

C

D

E

F

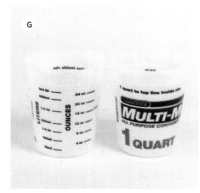

G

H

## 洗剂 /AFTER WASH
■图A

由Klean-Strip公司生产。此产品可用于脱漆后的清洁，以及加工前的整理。它能够清除脱漆过程中所有的残留物，同时保留木头的纹理，也不会对接榫有任何损伤。每次对家具进行脱漆后，我都会使用此产品，好让家具保持完美平滑。洗剂最好的使用方式是搭配抹布，因为抹布可以全面擦试表面而不至于使用过量。记得使用时一定要戴上抗化学溶剂的手套。

## 黑板漆 /CHALK PAINT
■图B

此产品的美妙之处在于它不需要预先上底漆或是进行磨砂的动作。黑板漆是水性的，它可以黏住任何东西，也能够涂在蜡和清漆的表面上。除此之外它还很环保，只要用清水就能够清洗干净。黑板漆只有固定的几种颜色，但你可以随意混搭出自己喜欢的色彩。这种漆不仅适合热爱DIY的初学者，就连想玩点花样的老手也同样对它爱不释手。我个人喜欢在黑板漆上面涂刷聚氨酯漆以代替上蜡，这样出来的效果不呆板。

## 喜去漆 /CITRISTRIP
■图C

这是一种天然、可生物分解的去漆界面剂，但可别因为它味道不刺鼻或不伤害眼睛和肺部，就小看它的威力，此产品可说是称霸所有的去漆剂。只要我在加工家具前想脱掉家具上的漆或是老旧清漆的时候，我就会使用喜去漆。此产品是我在脱漆时的不二选择，而且它也比其他化学脱漆剂来得好，大力推荐。

## 丹麦木工油 /DANISH OIL
■图D

丹麦木工油是一种混合油和清漆的特殊产品，它能深入渗透木头内部，强化硬度，以保护木头的美丽外观。每当我决定要保留家具的脚部或底部不上漆的时候，就会先稍微将它们磨砂过后再涂上丹麦木工油。

## 手套 /GLOVES
■图E

使用脱漆剂或着色剂等化学药剂时一定要记得戴上塑胶手套，以避免它们侵入你的身体或损害你的皮肤。如果你工作时会使用化学药剂，请一定要购买抗化学溶剂的手套。我自己也会囤积一些一次性的乳胶手套，要是遇到使用着色剂或进行非化学性的工作时就会用到。

## 乳胶漆 /LATEX PAINT
■图F

乳胶漆是一种水性基底的油漆，其覆盖能力强、快干且随手可得。虽然市面上的乳胶漆品牌质量不一，但一分价钱一分货。我选择的牌子是 Benjamin Moore和Ralph Lauren，因为它们的保色性非常好，而且质地顺滑。此外，乳胶漆只需用水和肥皂就能轻松清洗干净。

## 量杯 /MEASURING CUP
■图G

在混合油漆的时候，我会使用透明液体量杯来测量牛奶漆的矿物粉和水的比例分量。此外，它在混合调配乳胶漆的时候也特别好用，你可以知道某个特定颜色的调配比例，方便让你成功调出最爱的那种颜色。

## 牛奶漆 /MILK PAINT
■图H

牛奶漆是我最喜爱的油漆之一，它可以呈现出很真实的漆面。"真实"指的是它看起来就像历经岁月的老家具，那种层次感是其他的漆办不到的。然而，涂刷牛奶漆的工序烦琐，而且非常容易带出年代久远的感觉，所以并不推荐给只想呈现一点点复古感或不想要有颜色浓淡变化的人使用。牛奶漆有粉末状的和已调配好的罐装漆的。我总是

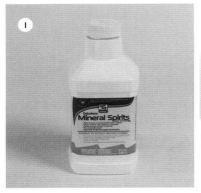

选择粉末状，因为我喜欢调漆的过程，也能调出适合自己的浓稠度。调牛奶漆一点都不难，只需要按照水和粉末1：1的比例调就行了。它是货真价实的绿色环保油漆，不仅不含挥发性有机化合物，干后也不会留下任何异味。牛奶漆有20款经典色可供选择，但你也可以随意调出自己喜欢的色彩。

## 无味矿油精 / ODORLESS MINERAL SPIRITS
■图 I

矿油精广泛用于稀释油性着色剂和面漆，但我个人都拿它来清洁沾过油性产品的工具。我用的是Klean-Strip牌的，因为它是绿色环保产品，不会造成空气污染，而且无毒，不易燃，不过请记得要依照商品标示的安全注意事项来使用。

## 油漆盘 / PAINT TRAYS
■图 J

你会需要一个盘子来装油漆，好进行你的工程，而重要的是你的油漆盘得保持得非常干净。我大都使用乳胶漆，工作完毕后马上用温水和肥皂清洁的话，油漆盘就不会卡上斑驳剥落的漆。如果你没有马上洗净的习惯，或是使用非水性的油漆产品，我会建议你买抛弃式的塑料膜铺在盘子上，这样不仅方便清理，还能延长油漆盘的使用寿命。更何况，你不会希望上一件家具的残留油漆混进你现在涂刷的漆中。如果你担心抛弃式的塑料膜会破坏生态环境，在本地的Home Depot（家得宝）就能买到百分之百可回收再利用的生物可分解的一次性油漆盘。

## 油漆刷 / PAINTBRUSHES
■图 K

除了双手，油漆刷就是我工作上最不可或缺的工具。小支的平口刷能在难以深入的地方派上用场，迷你刷可以应付所有细部，而斜口刷则是负责大面积，以下是我的个人推荐：

▶ **白鬃刷：** 又称为猪鬃刷，我在工作上只选择Purdy的白鬃刷。你可以在涂刷聚氨酯清漆和着色剂的时候使用这种刷具。然而，便宜的合成鬃刷可能会在你涂刷时留下清晰的刷痕。

▶ **细节用笔刷：** 数年前我在工艺店买到一副数量庞大的刷具组，里头各式各样的尺寸一应俱全。这些刷子对我而言是无价之宝，因为它们不管是拿来刷细节、边缘或装饰边都好用无比。

▶ **斜口刷：** 我最喜欢用Purdy的Nylox系列刷子来刷乳胶漆，每次用这种刷具效果都好得出奇，不会让我失望。我大部分的上漆工作都是使用这种刷具。这种柔软的刷子适合刷各种乳胶漆。

L       M       N

▶ **蜡刷：**这种刷具最主要就是拿来上蜡，因为刷头圆而柔软可以刷到所有细节，同时又能带给整体表面平滑的覆盖效果。

## 聚氨酯漆 /POLYURETHANE
■图 L

聚氨酯漆是一种透明、快干型面漆，用来保护有气孔的木材以及上过漆的家具表面。我喜欢上缎面聚氨酯漆，它能给家具刚刚好的亮度，完成的效果看起来也很专业。基本上我不会选用亮面聚氨酯漆，因为我比较喜欢偏平光的感觉。在本书里，不管是水性还是油性的聚氨酯漆都有用到。我建议使用频繁的表面可涂上能持久的油性聚氨酯漆，推荐的产品是General Finishes出品的Arm-R-seal Oil & Urethane Topcoat（缎面）。建议各位可以拿碎布或白鬃刷涂刷这个油性产品。然而，如果你想使用油性产品又想要有平滑无比的效果时，喷罐产品会是个不错的选择。

## 泡棉滚筒 /ROLLERS
■图 M

基本上，利用泡棉滚筒在家具和橱柜上涂刷出来的效果都很完美，适用于乳胶漆以及水性漆。不过，滚筒并不适用于油性产品和着色剂，因为空气会留在底漆里面，形成小气泡，此种现象称为橘皮。

## 超强吸力万用纸抹布

这款万用纸抹布是市面上最坚固耐用的工作纸抹布，比起普通的纸抹布要更厚也更耐用，有袋装和箱装两种包装可以选购。它们不会掉棉絮，不仅能用来清洁打理，还能拿来涂抹着色剂。纸抹布毫无疑问是一次性产品，不过，假如你用它沾染过化学产品，就要注意其丢弃方式。我通常都用纸抹布而非不掉棉絮的抹布，因为我发现即使是标榜不掉棉絮的抹布，还是多少会在家具表面上留下一些棉絮。

## 着色剂 /STAINS
■图 N

我在工作时唯一选用的着色剂是Minwax牌的胡桃色和深胡桃色着色剂。Minwax着色剂是木器着色剂，其内含的聚氨酯能达到防水、渗透和保护的效果，我用它当作家具的保护面漆，同时也能在油漆上呈现出深度和年代感。着色剂本身就可以当作面漆，因为它本身已包含底漆的成分，所以不需在涂着色剂之后再涂刷其他面漆。

# 胶类相关 ABOUT GLUES

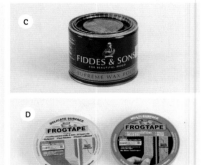

## BONDO万用补土 /BONDO ALL-PURPOSE PUTTY
■图 A

　　补土适合拿来做大面积的修复，我一般用Bondo牌的补土来做大面积的贴皮修复。使用 Bondo补土时必须先混合聚酯树脂以及硬化剂，所需的材料都在包装里，所以只要按照产品的使用说明操作即可。用补土刀把补土涂抹在需要修复的地方，尽可能涂抹均匀，之后才不必花太多工夫在磨砂上面。等到补土完全干之后，你就可以视所需进行磨砂和塑形。比起木器填补剂，Bondo的补土不管是混合或取用步骤都较为烦琐，但我依然推荐用它来做大面积的修补，因为木器填补剂裂开的概率较高。

## 双面泡棉胶带 /DOUBLE-SIDED MOUNTING TAPE
■图 B

　　双面泡棉胶带十分强韧，很适合用于布置家具的抽屉内装。我喜欢用双面胶带远胜于固定粘死的方法，因为这样能方便替换内装的纸。这种胶带不但坚固耐用，要撕也很简单，只要把纸往上拉，然后将胶带从表面上撕起来就行了。

## FIDDES木器蜡 /FIDDES WAX
■图 C

　　我最喜欢的就是这种蜡。我大部分都是在牛奶漆和黑板漆上面上蜡，但有时候也会将蜡涂在乳胶漆上。蜡与着色剂、聚氨酯漆呈现的光泽不同，刚开始有点雾，但之后便会为家具添上一层犹如抛光般的自然光泽。它很浓稠，好控制，快干且不含甲苯。这种蜡几乎没有异味，以它快干的速度甚至能让你涂蜡的三分钟后就能马上进行抛光。当我不想改变涂漆的颜色，我就会选用无色蜡，它能给家具添加一层低调又带有橄榄球棕色的光泽。如此一来，家具就能染上岁月的深度，漆面也能闪着低调的光芒。

## FROGTAPE涂漆用遮蔽胶带 /FROGTAPE
■图 D

　　这种胶带有绿色和黄色两种颜色，黄色用于已涂刷面，绿色用于未涂刷面。这种胶带在上漆的时候能够协助你简单地涂刷直线，而且容易撕除。我在为家具上漆的时候会用它来遮蔽所有的边缘部分，因为我追求的是简洁完美的直线条，改造家具时可不能有涂出范围这回事。这种胶带可以在一般油漆、水电建材行买到。

E　　　F　　　G　　　H

## 金刚固力胶 /GORILLA GLUE
■图 E

　　金刚固力胶百分之百防水，而且经得起磨砂、涂漆和着色的作业，它与木器胶的不同点在于它在干的时候会膨胀，形成一层硬化的泡沫，而木器胶则不会有任何变化。进行较高难度的家具修复时，例如结构性修复和承重修复时使用这种胶最为合适。因为具有膨胀的特性，所以只需一点点用量就够了，记得要省着点用。除此之外，上胶后还得把物件牢牢夹紧，才不会松开。

## MOD PODGE拼贴胶 /MOD PODGE
■图 F

　　这是一款兼具上胶、底剂和保护面漆的三合一胶水，我在进行纸类和蝶古巴特的拼贴工作时都会用它。它完全无毒，而且用水和肥皂就能轻易洗净。这个系列的拼贴胶有几款是能做出特殊效果的，但我

在剪贴时都选用无光的，因为我最后都会在上拼贴胶之后再上一层聚氨酯漆。

## 壁纸专用接着剂 /WALLPAPER PASTE
■图 G

　　壁纸专用黏合剂可以用在含胶水或不含胶水的壁纸上。然而，每家壁纸厂商的壁纸粘贴方式都不同，所以请务必详读操作指示后再进行作业。有些时候，你需要将黏合剂涂在纸上，但有时黏合剂是直接涂在张贴面上。我在工作时选用的都是水性、透明、无着色的壁纸黏合剂，而且是用肥皂和水就能洗净的类型。此外，这种水性配方也和独特手工印刷且精致的壁纸特别合得来。

## 木器填补剂 /WOOD FILLER
■图 H

　　我利用木器填补剂来修复家具上的小洞、刮痕和裂缝。你也可以

用补土刀涂抹填补剂，但记得工作完成后要把它擦拭干净。如果填补剂卡在补土刀上，就会妨碍填补作业，无法平顺抹匀。木器填补剂可以承受磨砂、涂漆和着色的作业，此外，它只需肥皂和清水即可洗净。

## 木器胶 /WOOD GLUE
■图 E

　　木器胶对于大型或小型家具而言都是很理想的修补胶，且不管是室内或户外的家具都可以用。如果你要进行的是结构性或承重性的修复，那上胶后就得配合夹紧和加压的动作确实固定好。如果上胶时没有对齐，其稳定度就会打折扣。因此，等胶水干的这段时间，一定要全程上紧夹子。除此之外，木器胶也可以进行磨砂、涂漆和着色的作业。

# 裁剪与磨砂相关 ABOUT CUTTING & SANDING

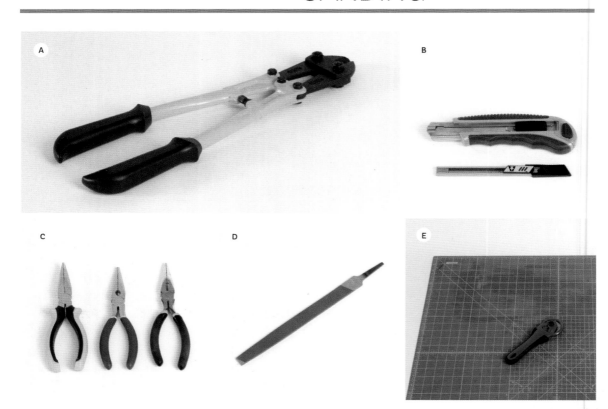

## 大铁剪 /BOLT CUTTERS
■图 A

　　这件工具身负重任，而且看起来有点吓人，但拿来裁剪质量密实的硬物却超好用，例如突出把手的螺丝钉和橱柜的五金等。有些人不喜欢抽屉里面的螺丝突出来，像这种时候你就能用大铁剪把它修齐。所以，当你想要修剪五金、不想要的螺丝或螺栓的时候，只要拿出大铁剪，一切就能搞定。

## 美工刀 /CRAFT KNIVES
■图 B

　　就像X-ACTO的刀子一样，美工刀的好处是具有伸缩自如的刀片，而且不锋利的时候可以掰掉旧的刀片。通常我在裁切抽屉内衬纸的时候会用尺子配合美工刀使用，这样切割出来的效果会非常整齐利落。此外，给家具贴壁纸的时候也会用到它。如果你想在有嵌装饰的面板上贴壁纸的话，美工刀就能做到完美裁切，让壁纸和涂漆处无缝接轨。我个人建议购买几把不同尺寸和形状的美工刀。小的美工刀适合在裁切抽屉内衬纸或在家具上贴壁纸时使用，每裁一次就掰断一截刀片，可以确保每次下刀的刀口皆干净利落。大的美工刀则适合拿来做更费力的工作，例如切割硬纸板或修齐家具的贴皮等。

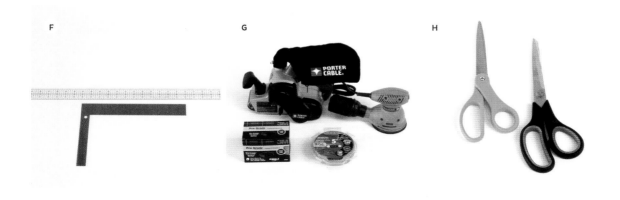

F                                   G                                      H

## 尖嘴钳 /LONG-NOSE PLIERS WITH CUTTER
■图 C

　　说它们是万用钳也不为过，它们是我寸步不离的好帮手。在我给家具安装新五金时，它们的尖嘴部分能深入狭小空间，也能紧紧夹住螺帽和螺栓，无论哪种螺丝都能让你轻松拴紧或移除。还有，中间的剪线口替整体加分不少，你能用它来剪铁线等。

## 金属锉刀 /METAL FILE
■图 D

　　这种工具最适合拿来磨平任何尖锐的边缘。一般来说，在你用大铁剪切断新把手或五金之后会造成凹凸不平的切割面，这时就要用金属锉刀来修整磨平，确保不会留下任何扎手的粗糙表面。

## 圆刀和切割垫 /ROTARY BLADE AND CUTTING MAT
■图 E

　　当初我买到这两样东西时真的有种挖到宝的感觉！它们在你切割大张纸或布料时真的是无比好用，切出的线条和边缘更是笔直又完美，但有一点一定要记住，这种切割垫只能搭配圆刀使用，因为其他用途不一的刀具会毁了这块切割垫。

## 尺子 /RULERS
■图 F

　　尺子绝对是一件必需品。铺抽屉内衬纸、裁切壁纸的时候要标记出笔直线条，这种时候它更是不可或缺。我自己在改造家具时最常使用的是Zona的角尺，特别是在铺抽屉内衬纸的时候。它可以使边角的裁切效果达到密合无缝的状态，而且尺子的大小也刚好能放进抽屉。

除此之外，我在工作时还常用到Omnigrid牌的尺子。我的工作室里通常还有放两三个卷尺，或许我该考虑随身携带一个，因为实在是太常用了。

## 砂磨机 /SANDERS
■图 G

　　使用轨道式砂磨机和带式砂磨机进行主要的砂磨作业，油漆完成后再利用研磨海绵进行细部的作业。

▶ **带式砂磨机**：带式砂磨机比轨道式砂磨机效果更强，可以磨去覆盖在物件上包含油漆在内的任何东西。我的磨砂作业95%是用轨道式砂磨机完成的。不过我之前用带式砂磨机给老门板和家具磨砂，三两下就可以把好几层漆磨掉了。它的磨砂力很强，所以你得一直保持移动并快速作业，不然最后你的家具可能被磨得只剩一堆木屑了。

▶ **轨道式砂磨机：**轨道式砂磨机是家具准备上漆前不可或缺的磨砂工具，只要在家具上轻轻画圆，就能磨除表面上的障碍物。你只管放手让它进行，不要用力往下压，否则会磨得太重而留下圆形的印子，把所有的面料都吃掉。它是我每天都会用到的工具。

▶ **研磨海绵：**我使用的是细到中等粒度规格的研磨海绵，它们很适合用来做轻度磨砂和手工仿旧的作业。它们是工作室中消耗量很大的消耗品。家具上漆后我会用细颗粒的研磨海绵来进行所有的仿旧作业。用不到轨道式砂磨机出场的小范围准备作业，让中等粒度的研磨海绵来接手最适合了，不过别用它来磨砂刚上漆的表面，免得伤到漆面。

## 砂纸 /SANDPAPER

砂纸有各种不同种类和粒度规格，数字越小，粒度越粗。

40～60号（粗）

80～120号（中等）

150～180号（细）

220～240号（很细）

280～320号（微细）

360～600号（极细）

依据我的作业所需，我用的是80～240号的砂纸和研磨海绵。请记得一定要先选用最粗的粒度，再顺着作业程序一路往下用到最细粒度，这样才能呈现完美的平滑感。

## 剪刀 /SCISSORS
■图H（详见P23）

好好选择一把能每天使用的耐用剪刀吧！我用一般的厨房用剪刀来剪开包装、裁剪塑胶防尘布和胶带。另外，我有把特别的剪刀是专门用来剪漂亮的布料和缎带的。此外，我还有一把剪刀是在进行和纸或壁纸相关作业时拿来剪纸用的。裁布和剪纸的剪刀我个人偏爱Fiskar的产品。

## 塑胶刮刀 /SQUEEGEE

这是一把小巧、耐用的塑胶刮刀，可以用来推平壁纸或家具上的转印贴纸。这件小工具或许不起眼，但它在贴壁纸和转印贴纸的时候很好用，也能轻松将壁纸平整地推进转角和狭窄的地方。

## 钢丝绒 /STEEL WOOL

钢丝绒就是一团很细的钢丝，大都用来去污、打磨和抛光木材。我个人不会用钢丝绒做磨砂，而是在脱漆时拿来清除家具表面上的残渣和污垢。工作时我只用0000号的钢丝绒，因为它的粗糙度对我来讲刚刚好。我不用它来磨砂漆面的原

因是，钢丝绒里面的铁和木头作用后，会留下青灰色的痕迹。

## 钢丝刷 /WIRE BRUSH

这种不锈钢的短刷因为耐酸碱，所以很适合用来清除家具上的油漆和锈，但是使用时请勿施加太大力道，否则会损伤你的家具。脱漆的时候，如果遇到比较难够到的地方就使用钢丝刷，你也可以拿它来去除污垢。

# 修缮相关 ABOUT REPAIRS

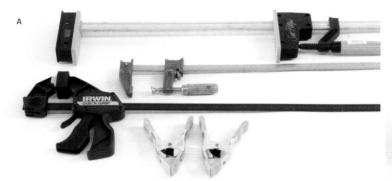

### 木工夹具 /CLAMPS
■图 A

给家具进行修补和上胶的过程中，你会需要用到弹簧夹和快速夹两种夹子。干燥时，夹具可以借由施压来稳定结构，上胶后，快速夹能帮助抽屉面板保持垂直并接合紧密，而且它在物件的两面都能施压夹紧。除此之外，它们也可以伸长以应对不同的使用情况。相较下，弹簧夹虽然也能夹住物件的两面，但因为它们只能打开几厘米，所以只能用在较薄的夹合处。然而，当你需要在长宽都不大的范围内用到一些夹子时，弹簧夹倒是不错的选择。大部分的弹簧夹和快速夹都有橡胶夹口垫，以保护木头表面，但上夹具时还有另一种方法也能保护家具的木头：将小片木头挡在家具表面和夹具中间当缓冲。建议多买一些不同尺寸的夹具，就金属弹簧夹

来说，我个人觉得5~8cm的最好用，至于快速夹，你可能会需要的是30cm和60cm的夹子。

### 空压机 /COMPRESSOR
■图 B

空压机是一种可以连接钉枪的动力来源，每次我在用这项工具时都非常享受，让我有种女强人的感觉。空压机和钉枪这对搭档能让改造家具的过程又快又出效果。

### 无线电钻 /CORDLESS DRILL
■图 C (详见P26)

电钻在钻洞、安装五金、移除五金和锁螺丝时一定会用到，不过，因为这件工具在各种作业当中使用频繁，所以务必留意它有没有充饱电。我在用电钻时会搭配很多零件，最常用的两种是一字和十字钻头。遇到要刳刨的时候会换成扁平钻。

如果要在新五金上钻孔的话，我就会换成四刃钻头。

### 防尘、防毒口罩 /MASK OR RESPIRATOR
■图 D (详见P26)

进行磨砂、喷漆或使用任何化学产品时请务必记得戴上面罩或是防毒口罩。防尘口罩适用于磨砂和清洁作业，而防毒口罩则用于喷漆或与高剂量化学溶剂相关的作业。另外，开始作业之前也请你务必详读操作说明和注意事项。

### 钢钉枪和钉枪 /NAIL GUN AND STAPLE GUN
■图 E、F

钢钉枪和钉枪通常都和空压机一起使用，也是我工作上不可或缺的工具。一些复杂的作业，像是组装工作桌、帮家具包布或稳定度修

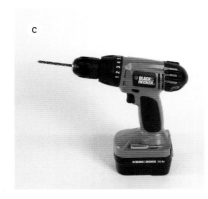

复等，只要使用钢钉枪就能化为小事一桩。你只需扣下扳机，钉子就能在眨眼间牢牢钉入。至于钉子和钢钉的尺寸会随着不同用途有所变换，但你都能在五金店买到它们。我在给家具替换抽屉、包布、小面积修复、绷椅面等的时候会用到钢钉枪和钉枪。

### 万用油漆工具 /PAINTER'S TOOL
■图 G

这件万用工具除了可以拿来开油漆罐、清理滚筒，还能作为补土刀、刮刀、抹刀和拔钉器使用，是想要尝试油漆涂刷的人都应该有的一件工具。

### 护目镜 /SAFETY GLASSES

市售的护目镜无论什么形状、尺寸和颜色都应有尽有，但不管你选择什么造型和颜色都无损于它们的功能。护目镜可以在你进行磨砂的时候保护你的眼睛，免于被粉尘和碎片刺伤，也能在上漆时防止眼睛被化学物质泼溅到。

### 补土刀 /PUTTY SPATULAS
■图 H

当你使用木器填补剂和补土的时候，搭配补土刀会更得心应手。我在工作上也是每天都会用得到它。这些补土刀能让你在进行填补和修复作业时更顺利，是最佳工具，也是我的唯一推荐。使用后一定要彻底清洁你的补土刀，才能让它在下一次工作中抹得更平滑、均匀。

# 其他工具 MISCELLANEOUS

## 去油剂、去污 /DEGREASER、CLEANER
■图 A

Krud Kutter是种无毒、可生物分解的去污剂，它同时也是种去油剂，不仅能清除油漆、铁锈、蜡以及焦油等，只要你想得到的，它都能去除。我每天都会用它来去除抽屉里的黏手污渍，清理油漆刷和脏污灰尘。

## 投影机 /OVERHEAD PROJECTOR
■图 B

这种老派的工具现在已经不常见了，但如果搭配投影片的话，投影机就可以变化出无限的设计灵感。我会利用投影机把图案投射到家具表面上，然后再一笔一笔照着图案描绘。对于我这种没办法自己随手画图案的人，这种工具真是太棒了。

## 吸尘器 /VACUUM

我用的是直立式吸尘器，还会搭配工作室里的刷头一起使用。我曾经有过一台干湿两用的吸尘器，但有次被借走后就再也没回来过，不过也因此我发现自己其实喜欢用附有刷头的直立式吸尘器。短刷头是清理家具表面和磨砂粉尘最好的帮手，而细长的刷头能深入所有的缝隙和沟槽，清除灰尘和蜘蛛网，两种搭配起来使用真的是再好不过了。

# 五金配件 HARDWARE

　　你挑选的五金配件足以决定改造家具的成败，无论你想留下原本的配件，还是想替换成新的五金配件都随你高兴，但要是能在最初设好目标，你就能做出更精准、聪明的选择。想想看你要什么风格？法式、现代、复古、华丽、摇滚、混搭、奇幻或乡村风都可以，你只需先把它谨记在心，然后再去挑选五金配件做搭配。你的家具要有一致性，假设你想要营造简朴的现代风，五金配件就不能选花形陶瓷把手或圆点花纹的玻璃把手。相反，木头、骨材和金属材质都是不错的选择，也会和整体设计很搭。有些五金行卖一些很不错的木头把手，可以让你买回来再上漆或做些处理。此外，像Anthropologie和Hobby Lobby也都有卖各种不同风格的把手和握把。我常会在度假时意外找到漂亮的握把，总之，你永远不知道什么时候会碰上五金界的梦幻逸品！

## 原有的五金 /ORIGINAL HARDWARE

一般来说，原本附带的五金跟家具是最相配的，所以原封不动地沿用或简单补漆会很完美。然而我自己很少使用原本附带的五金，因为它们和我改造后的风格不相称，但偶尔我会遇到有着梦幻五金的家具。在这种情况下，我一定会将它们融入我的设计里。

## 骨材 /BONE
■图A

大多数的骨材把手都略带一点奶油色或浅棕色，和现代乡村风很搭。骨材能为整体增添一份古典美，又不会抢走主角的风采。通常我拿骨材把手来搭配的家具颜色都比较低调，如灰色、黑色或浅灰褐色等，如此一来，就可以为家具营造出朴实又柔软的乡村风格。

## 陶瓷 /CERAMIC
■图B

陶瓷把手的花色最多，所以我在工作上最常用它们来搭配家具。它们的样式五花八门，从花形、条纹、唐草花样、彩绘风格、圆点花纹、英文字母、数字等应有尽有。陶瓷把手有数种不同的设计款式，也包括奇幻风和古典风格，且形状和尺寸都非常齐全。

## 玻璃 /GLASS
■图C

玻璃把手也同样具备许多形状和款式，此外，它还能为家具添一份闪耀的光芒。玻璃把手有种独特的梦幻感，因为它们透明的特质会随着你在家具涂上的色漆有所变化，所以搭配颜色和花样时一定要把这件事谨记在心。我喜欢圆形的玻璃把手，不过那只是我特定的偏好，其实外面还有各式各样、各种尺寸的类型可供选择。我最喜欢的玻璃把手的大小有如一颗网球，我超爱这种特别的把手，因为你只要看一眼，就会被它们所吸引——我还没遇到跟它们合不来的家具呢！玻璃把手很容易为家具添上一份古典美或女性柔美的特质。

## 金属 /METAL
■图D

金属把手能让你的家具更独特，更有魅力。我喜欢用金色、银色和半宝石的五金搭配贴上壁纸的家具，一旦家具上有了像水和金属光芒的元素，立即就能变得耀眼迷人。

## 树脂和结绳把手 /RESIN AND ROPE
■图E

麻绳和绳结非常能营造出休闲、海滩或瑞典风格，通常只要拿块长条状的布或绳子绕几圈后穿过五金的洞，然后再打几个结，就能为你

的家具画下完美句点。另外，树脂材质的把手也很适合为家具营造休闲或奇幻的风格。合成树脂是种可捏塑的硬质塑胶，具有各种形状和尺寸，所以树脂把手因其丰富的多样性，跟各种风格都可以搭配。

## 木头 /WOOD
■图F

木头把手的美丽在于它们的自然样貌，木头的纹理和形状很能为家具带来一份传统的美感。我发现自己常用木头把手搭配涂上牛奶漆的家具，我就是喜欢那种户外和木头结合在一起的感觉。除此之外，如果是未上面漆的木头把手，只要利用油漆或纸就能把它改造成独一无二的把手。

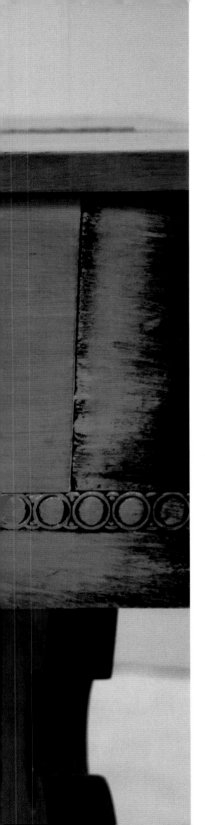

# 技巧及用法
## TECHNIQUES & USES

　　本章收录了适用于不同风格的家具修整技巧，这是我第一次公开这些技巧的步骤程序，希望各位能运用在心仪的家具上，创作出自己的作品。不管是你从古董店买的家具，还是在跳蚤市场找到的家具，经过改造之后，每件家具一定都会是独一无二的。书中的步骤讲解和说明照片不只方便你模仿这些技巧，还能让你更有效率地应用这些技巧。尽情发挥你内在的艺术天分，创造出属于你的作品吧！

# 脱漆 STRIPPING
## FURNITURE

很多人一想到要帮家具脱漆就倒退两步，这种心情我了解。虽然说脱漆是个麻烦又费力的步骤，但并没有你想象中那么吓人，只要有类似喜去漆（详见P17）这种天然脱漆剂，脱漆的工程就能比以往来得更简单又安全。我的工作其实并不需要每天都给家具脱漆，但只要发现有美丽的物件被包藏在层层油漆底下，我就绝对不会错过。

## 材料 /MATERIALS

- 报纸或厚塑料布（详见小秘诀）
- 耐酸碱手套
- 护目镜
- 喜去漆
- 两个一次性油漆盘：一个装脱漆剂，另一个装洗剂
- Purdy Nylox 油漆刷
- 塑胶刮刀、钢丝刷和牙签（油漆脱漆用）
- 0000号钢丝绒
- 超强吸力万用纸抹布
- 洗剂
- 轨道式砂磨机，细颗粒砂磨盘
- 细颗粒的研磨海绵
- 吸尘器

**TIP**
小秘诀 ▶ 脱漆剂和洗剂是有腐蚀性的，因此，在室内脱漆时一定要保护好作业区域的地面，以免其被腐蚀。事先把报纸或厚塑料布铺在地上，事后清理会更加容易。脱漆是很容易搞得脏乱的工作，所以最好在好整理的地方进行。

**TIP**
小秘诀 ▶ 仔细阅读喜去漆和洗剂背面的安全注意事项以及使用方法，确实遵守，并依当地废弃物处理规定处理废料。

**1**
…….
图 A ▶ **在作业区域的地板上铺好报纸和厚塑料布，** 戴上耐酸碱手套和护目镜，在一次性油漆盘中倒入大量喜去漆，拿好油漆刷就可以开工了。在想要脱漆的范围上大方地刷上喜去漆。一开始我以为喜去漆是天然产品，要脱漆可能得花上不少时间，但实际上并不需要太久。依表面材质、涂料不同可能需要等待30分钟至24小时。依我过去的经验，等2小时左右，脱漆剂就能软化清漆，或起皱把油漆咬起来了。

**2**
…….
图 B ▶ **油漆：** 处理油漆表面时，轻推刮刀就能刮掉漆料的话，就表示脱漆剂已经成功把油漆咬起来了。刮除漆料时注意不要刮到家具的木头表面。在平坦的表面上可使用塑胶刮刀，至于细节部分的凹角、缝隙，最好用小钢丝刷、牙签来去除。

图 C ▶ **清漆：** 去除清漆，如图中的这个家具，需刷上脱漆剂后放置1小时。清漆遇上脱漆剂不会起皱，所以很难判断到底脱漆了没有。我通常是看脱漆剂的颜

色，橘色的脱漆剂在咬住清漆之后颜色会变成咖啡色。变色后用钢丝绒以平稳的力道顺着纹理磨除即可。钢丝绒非常适合在清漆表面使用，而且也能顺应细节的部分，不过千万记得要戴上耐酸碱手套，以免被化学物质以及钢丝绒的金属纤维弄伤手。第一层脱漆剂磨除之后，你或许会想再上一次，就放手去做吧！放置一段时间后再以钢丝绒磨平，重复这一作业。

**3**
▶ **当你满意木头呈现出的颜色，** 而所有的油漆和清漆也确定去除后，拿出第二个一次性油漆盘，用纸抹布蘸上洗剂，去除残存的化学剂。我在这里用的也是钢丝绒，因为总觉得这样才能深入表面刷掉残留，但注意别放太多洗剂在木头上面，也不要让洗剂积在家具表面上。

**4**
…….
图 D ▶ **让家具完全干燥。** 这个过程可能得花上1~2个小时，要视环境的温度和家具表面的湿度而定，等到家具摸起来感觉干了，就可以开始磨砂。如果你要

在平面上进行重砂磨，就得使用轨道式砂磨机加上细颗粒砂磨盘，轻轻地顺着木头纹理打磨。我则会用研磨海绵做细部的作业，像是旋木椅脚或雕饰处等需要保留木头的完整性。磨砂要一直持续到木头摸起来平滑、不扎手为止。

5 ▶ **用吸尘器整个吸一遍，**把磨砂的尘屑吸起来，然后拿干净的纸抹布擦一擦，让家具表面保持干净光滑。

图E

6 ▶ **家具已经处理完毕，**可以进行上漆或着色了。

# 磨砂 SANDING

## FURNITURE

　　磨砂关系到后续的上漆是否能持久漂亮，所以这个阶段绝对不能马虎！适当的磨砂能除去累积在家具上的污垢、尘土、刮痕、亮光面漆，若不去除这些，很可能会影响到完工时的样貌。

## 材料 / MATERIALS

· 超强吸力万用纸抹布

· 补土刀

· 木器填补剂

· 轨道式砂磨机，细颗粒砂磨盘

· 防尘口罩

· 护目镜

· 各种粒度的砂纸

· 细颗粒和中颗粒的研磨海绵

· 吸尘器

**1** ▶ **开始作业前不妨先检查一下有哪些地方需要磨砂。** 我通常会用一张湿的纸抹布把整个家具擦一遍，去除灰尘、蜘蛛网后，再拿一张干的纸抹布把家具擦干。

**2** ▶ **如果发现任何小刮痕、印子、脱落的小块贴皮，** 就要先拿补土刀以及木器填补剂把这些地方填平，之后再进行磨砂。拆掉五金之后留下的洞若不再使用的话，也在这个步骤一起填补。

**3** ▶ **等木器填补剂完全干了之后，** 就可以进行磨砂。填孔剂干燥的时间会依使用剂量而有所不同。大部分的刮痕等比较浅薄的填补，大约等1小时就可以进行磨砂。

**4** ▶ **磨砂的第一条规则就是：** 永远顺着木头纹理磨砂，要不然磨过的表面会留下线条或圆形的印子。针对平面的部分，例如抽屉的正面、上板、侧板等，用轨道式砂磨机比用手磨砂要更轻松省时，而且处理过的表面更好上漆。使用轨道式砂磨机时一定要戴上防尘口罩以及护目镜，避免飞尘、碎屑伤及脸部。放手让砂磨机工作，不要用力施压。不然，

图 A

打磨过度会伤到家具表面。进行前置磨砂作业的时候一定要用极细砂磨盘，这样才不会打磨过度，把所有面料吃掉，啃到木材的部分。我改造家具时，95%的情况下都只针对家具整体进行轻打磨，不伤及家具原本的漆膜。如果磨过头，上完漆之后会看到东一块西一块的暗沉色块，这绝对不会是你想要看到的情况！磨砂的时候只要磨掉尘垢，让家具表面呈现能轻松咬漆的状态即可。

5 ▶ **当你需要进行重砂磨的时候**，一定要依序选择对的砂纸粒度，顺序是由粗到细。每换一次更细粒度的砂纸，都会把先前粒度的磨砂痕迹磨掉，砂纸越换越细，直到家具表面呈现完全光滑的状态。

6 ▶ **处理雕刻的细节、旋木椅脚或转角处时一定要用手磨砂**。这时我会选择使用研磨海绵，因为不管磨到哪里，它都能同时契合我的手以及家具的形状。这种地方如果使用轨道式砂磨机会磨得太重，一旦损伤这些雕刻的细节就真的回天乏术了。

7 ▶ **最后，用你的双手！** 磨砂的工程结束时，我一定
图B 会闭上眼睛用手触摸表面，检验这次磨砂有没有合格。你会发现原来你的触觉是如此敏锐。检查哪边还留有粗糙面时，一定要用这招。

8 ▶ **用吸尘器把整个家具吸一遍**，任何磨砂时的粉尘都
图C 能被吸走。最后再拿湿的纸抹布整个擦过，确保整体表面光滑、干净，好进行下一个上漆的步骤。

# 局部修复
## SMALL REPAIRS

在改造家具的过程中，修复工程看似单调又沉闷，算不上是什么有趣的工作，但却是家具成功脱胎换骨的关键所在。别赶时间，好好在这上面下功夫，改造结果将会令你大吃一惊。

- 木器填补
- 上胶夹紧
- 安装新五金的刳刨技法

## 木器填补 WOOD FILLING

　　大部分的旧五金都需要用到两个钻孔，但我在改造家具时喜欢以把手取代握把，所以只需要一个孔即可。有时，你可以视设计所需只把其中一个孔补起来，但大多时候你得将两个孔都补起来，然后在两孔中间再钻一个孔。请注意，在上漆前就得补上旧孔，然后钻好新孔，因为那时还能利用旧孔来测量新孔的位置。

---

## 材料 /MATERIALS

- 木器填补剂（可上漆、着色）
- 刮刀
- 细颗粒的研磨海绵
- 超强吸力万用纸抹布

---

**1** ▶ **使用木器填补剂和刮刀填平任何不需要的洞，**然后用刮刀轻轻地顺过去，因为待会儿还要上第二层，所以第一层得尽可能光滑平顺。接着，你还要用刮刀把洞口周围多余的填孔剂刮除，这样完成后才不会出现隆起，之后磨砂的时候才不容易磨砂过度。

图 A

**2** ▶ **让木器填补剂完全干燥。**钻孔越深，时间越久才能干透，浅层的填补干燥需要30~60分钟，而深层的填补可能就得3~4小时。

**3** ▶ **等到第一层填补剂干了之后，**用细颗粒的研磨海绵磨到平滑，然后再上第二层。

**4** ▶ **涂覆上第二层填补剂，**步骤和第一层一样，然后刮掉修复范围内多余的剂量。第二次的填补只在表层，所以干得很快。又因为是最后一次填补，所以表面得确定平顺才行。

图 B

**5** ▶ **第二层填补剂干了之后，**再次用研磨海绵磨到光滑。如果整个填补过程进行得非常顺利，上漆之后就会完全看不出来。记住，上漆前一定要确保表面平滑。

图 C

**6** ▶ **拿一条微湿的纸抹布，**擦掉磨砂时掉落在家具表面上的细屑。

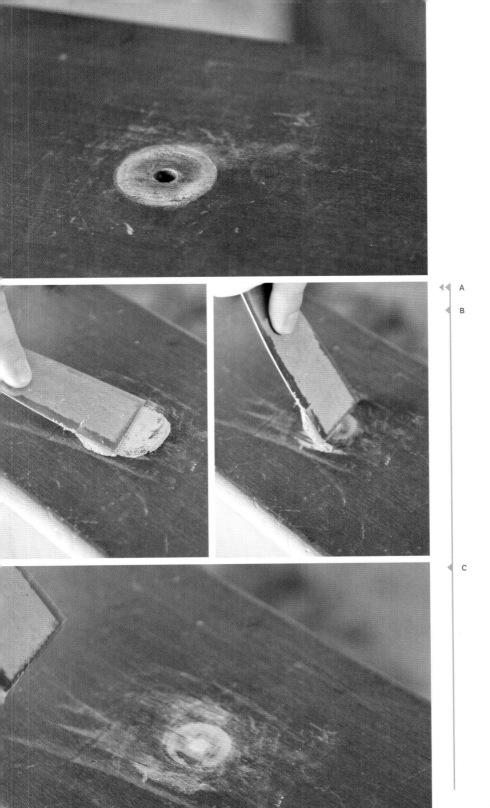

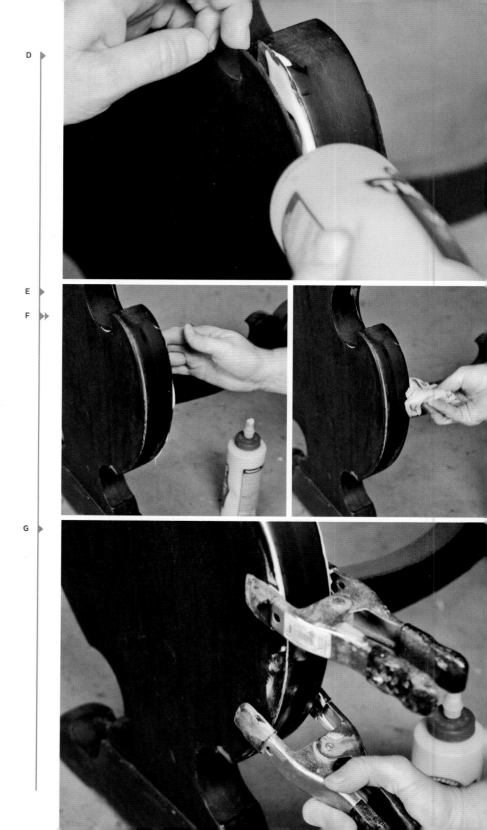

D

E

F

G

## 上胶夹紧 GLUING CLAMPING

不管是修复剥离的贴皮还是黏合摇晃的接榫，在进行胶合的过程中最重要的是让黏着面与被黏着物能天衣无缝地黏合在一起。如果接榫或贴皮没有卡紧或对齐的话，修复效果也会受到影响。

### 材料 /MATERIALS

· 木器胶

· 小油漆刷（视情况使用）

· 弹簧夹和快速夹

· 超强吸力万用纸抹布

· 研磨海绵或砂纸

**1** ▶
图 D

**黏合剥离的贴皮时**，要在贴皮下方均匀挤上木器胶，让整个面都均匀沾上。拉开贴皮时要很小心，太大力的话贴皮会裂开、断掉，所以要轻轻地拉，避免二次伤害受损的贴皮。上胶时用小支的油漆刷不易弄脏手，但我不太介意手被弄脏，所以我都是用手指上胶。胶合摇晃的接榫时，一定要在上胶前确实将接榫卡好，不然就算用再多的胶也无法修复结构上的损伤。记得两边的胶合面都要上胶。

**2** ▶
图 E

**胶合面需要用力施压才能紧密接合**，依胶合处的形状不同，可以使用弹簧夹或快速夹。

**3** ▶
图 F

**上了夹具之后**，用纸抹布把被挤出的多余胶水擦掉。

**4** ▶
图 G

**等木器胶干需要一段时间**。确定接合处稳定地夹紧后便可静置待干，通常我会放置48小时。上夹具之后若没有擦去多余的胶，等胶干了之后，胶合处将会有干硬的胶留在表面上，这时只要轻轻地进行磨砂，就能把它磨掉。磨好之后，就可以进入上漆的阶段了。

## 安装新五金的刳刨技法
## ROUTER RETROFITS FOR NEW HARDWARE

当我已选定某个握把，但抽屉的前板太厚，而把手的螺丝不够长穿不出去时，我就会用上这招。刳刨抽屉前板内侧，把前板削薄，这么一来原本不够长的五金就能轻松穿过，也可以搭配华司垫片或螺栓使用。

### 材料 /MATERIALS

· 扁平钻头（1英寸，约为2.54厘米）
· 无线电钻
· 吸尘器

1 ▶ 图 H

**在电钻上装上扁平钻头。**注意要确实锁紧。

2 ▶

**把抽屉置于平坦的地面上，**前板朝下。

3 ▶ 图 I

**把扁平钻的前端从前板内侧对准原本的五金钻孔，**然后开始钻孔。千万小心，不要一下子钻得太深！依木料厚度不同，钻孔深度也不同。一般来说，大概往下钻一半就够了。

4 ▶ 图 J

**用吸尘器把所有的木屑吸干净，**然后安装新的五金。

# 底漆 PRIMING

## FURNITURE

我对底漆是又爱又恨！其实我是个不照传统方法来用底漆的人。假如今天我要把家具改造成仿古风的话就不会上底漆，因为这样底漆反而会破坏我想呈现出来的效果。然而，对于有些实用性很高的物件我就一定会上底漆，像餐桌、洗手台以及有木结的木头。因为这些木结要是没有被底漆阻隔，就会在最后的油漆漆面中若隐若现。另外，如果红木或桃花心木的家具没有涂上底漆，就会有污斑渗出。说到底漆，我只选择 Benjamin Moore 的 Stix 水性底漆，而且会在店里就先请人帮忙调好我要给家具漆上的颜色。如果帮桃花心木或红木家具上底漆，你就得挑有着色阻隔剂的底漆。最后，在动手之前先确定你即将上漆的家具是否经过磨砂（详见P36）、吸尘以及擦拭，因为你不会想要有任何碎屑、粉尘留在家具表面上的。

## 材料 /MATERIALS

- 轨道式砂磨机，细颗粒砂磨盘
- 吸尘器
- 底漆
- 油漆盘

- 泡棉滚筒
- Purdy Nylox 油漆刷
- 细颗粒研磨海绵
- 超强吸力万用纸抹布

  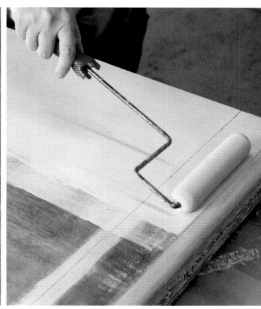

1 ▶ **轻轻用轨道式砂磨机磨砂**，完成后一定要用吸尘器吸除尘屑，再用湿布把表面擦干净。

图 A

2 ▶ **倒一些底漆在油漆盘里**，然后放进泡棉滚筒让它浸透。这里请注意不用浸到会滴下来的地步，只要均匀浸湿就好。

3 ▶ **如果遇到比较细部的表面就利用油漆刷**，这样就能刷到每一个角落。至于其他平面和有角度的部分，用泡棉滚筒就行了。

4 ▶ **薄薄地上一层底漆**，而且要涂得均匀、平滑。放着让它完全干燥，或许会需要3~4小时，可参照产品说明。

图 B

5 ▶ **如果第一层底漆均匀且没有任何斑点的话**，你只要上一层就够了。但是假如这层底漆颜色不甚均匀，那就拿块研磨海绵轻轻打磨，然后将粉尘吸除，最后以湿布把表面擦干净。

6 ▶ **上第二层底漆**，等这层底漆干了，你就可以为家具上漆了。

# 聚氨酯漆
# POLYURETHANE

聚氨酯漆不仅耐用而且使用方便，是最能保护家具的一种涂料。这种涂料有水性和油性两种基底。如果是磨损率很高的家具，最后的涂层最好是选择聚氨酯漆或其他适合的涂漆。我在工作上几乎都使用水性聚氨酯漆，但如果遇到要处理餐桌或者和洗手台一起配合使用的家具时，我才会选择油性的聚氨酯漆。我使用的油性聚氨酯漆是 General Finishes 出产的 Arm-R-Seal Oil & Urethane Topcoat。

## 材料 /MATERIALS

· 聚氨酯漆

· 搅拌棒

· 油漆盘

· Purdy 白鬃刷

· 220号砂纸或细颗粒研磨海绵

· 吸尘器

· 超强吸力万用纸抹布

1 ▶ **无论你涂刷的是油性的还是水性的聚氨酯漆**，工作的场合最好都能选在通风且光线充足的地方。

2 ▶ **打开聚氨酯漆的罐子**，用搅拌棒拌匀，千万别摇晃聚氨酯漆罐，因为这样会让它产生气泡，而最终气泡会出现在面漆上。

3 ▶ **将聚氨酯漆倒进油漆盘里**，如此可以避免刷子挟带灰尘或细屑混进罐中的剩余涂料中。

4 ▶ **请购买一支高质量的油漆刷**。因为涂刷着色剂或聚氨酯漆时，这件工具会影响你的上漆成果，而廉价的合成鬃刷会在漆面上留下明显的刷痕。将刷子浸到聚氨酯漆里，接着轻叩油漆盘边缘。因为轻扣的动作比起拉滑过边缘能留住更多的涂料在刷子上，让涂刷更加均匀。

5 ▶ **用均匀的力道拉长笔触**，顺着木头纹理刷上涂料。注意不要过度涂刷。过度涂刷也就是刷过头的意思，会造成漆面不均匀，因此，每一回都拉长笔触刷过去最为恰当。等第一层漆干燥之后，要进行磨砂，然后涂刷做第二层。

图 A

6 ▶ **再次检查漆面是否均匀**。这就是要在光线充足的地方工作的原因，必要的话将灯光打在表面上，检查漆是否毫无遗漏地覆盖住整体表面。

7 ▶ **确定整体上漆完成后**，就放置让它完全干燥。不同品牌涂料的干燥时间也不尽相同，因此，请依照标示及厂商提供的建议说明小心作业。有些聚氨酯漆在短短的1~2小时就能干燥，而有些则需要花费24小时。

8 ▶ **第一层涂漆完全干燥后**，用细颗粒的研磨海绵磨砂整体表面，轻轻地打磨后就能涂第二层漆。但请注意，别因为磨砂力道太大而伤到第一层涂漆。

图 B

9 ▶ **磨砂后用吸尘器清洁表面**，并用微湿的纸抹布擦拭干净。任何残存的碎屑都会造成漆面的凹凸不平，所以请务必将表面清除干净。

10 ▶ **总共涂3~4层的聚氨酯漆**，每一层都依照上述的干燥时间和磨砂说明进行作业。如此就能完成漆面，也能为家具提供完善的保护，并提高耐用性。

图 C

# 上漆 PAINTING

油漆具有某种特殊魔力，能将历经风霜的陈旧家具变得焕然一新。只要投入一定的时间和精力，你就能创作出充满个人魅力与特色的家具。此外，充分的事前准备也是让一件好作品脱颖而出的关键。在你着手上漆之前，先把家具整体检查一遍，并做好完善的修补。做好磨砂（详见P36）、木器填补（详见P40）和上胶夹紧（详见P43）等作业，任何会造成家具外观或功能上的瑕疵都不能放过。如果你要安装新五金的话，则还会需要钻新洞。

## 材料 /MATERIALS

· 轨道式砂磨机、砂纸或研磨海绵

· 吸尘器

· 超强吸力万用纸抹布

· 绿色 Frogtape胶带

· 油漆

· 油漆盘

· 泡棉滚筒

· 油漆刷：Purdy Nylox 刷（上漆用）、Purdy 白鬃刷（上面漆用）

· 塑胶手套

· 着色剂、蜡或聚氨酯漆

1 ▶ **全部的修复工程都告一段落后就能开始进行磨砂。** 使用轨道式砂磨机、砂纸或研磨海绵都很安全，不过一定要将整体磨得非常均匀。磨砂完成后，拿吸尘器清洁表面，并以湿纸抹布擦掉灰尘细屑。

图 A

2 ▶ **表面清洁干净后，** 拿Frogtape胶带遮蔽家具的边缘。我会把不想被漆沾到的地方通通都贴起来，像抽屉侧边、抽屉滑轨、轮子和橱柜内部等，只要你想要有条干净整齐的油漆线的地方都可以贴，这个步骤很多人会选择跳过，但我个人认为非常重要。一条歪歪扭扭又杂乱的油漆线，怎么比得上完美洁净又笔直的油漆线呢！想象一下，当你打开抽屉时，心里想的是完美利落的专业线条，眼睛却离不开抽屉侧板的那坨油漆。这就是专业和业余的差别，对于这点我可是很坚持的！

图 B

3 ▶ **准备上漆吧！** 把油漆倒进油漆盘，然后放进泡棉滚筒，让它好好蘸上油漆。滚筒上的漆只要能均匀涂上家具就可以，不需要蘸太多。太多漆只会让你更费事，因为你还得把从家具边缘流淌下来的油漆抹开、涂匀。所有大面积和平面只要用滚筒就能搞定，但如果遇到像墙角和边缘的时候，Nylox刷就能派上用场了。泡棉滚筒可以让手工上漆呈现出最平滑的质感，也能加快上漆的进度。然而，你还是得靠自己检查有没有涂刷超过边缘，有的话就要趁油漆还没干之前把它修补好，以免留下难看的波纹和垂流痕迹。

图 C

4 ▶ **等第一层完全干之后再涂上第二层，** 重复一样的步骤。

5 ▶ **等油漆干了之后，** 如果你想要营造出仿旧的感觉，就再磨砂一次吧。基本上等油漆干都要花上数小时，因此请务必详细阅读使用说明，并遵照指示使用。假如你想要营造出非常老旧的感觉，建议你使用轨道式砂磨机，如果你要的是有点偏向手作的复古感，就可以利用细颗粒的研磨海绵。

图 D

6 ▶ **磨砂过后，** 再次拿吸尘器吸走尘屑，然后戴上手套，开始涂面漆。

图 E

7 ▶ **面漆干了以后就可以装新的五金了，** 然后布置抽屉内装，可以在抽屉内贴纸，也可以上漆，最后就能好好享受你的新家具了。

A

B

C

D

E

# 着色剂 STAINING

　　着色剂是我最爱用的面漆，虽然大部分的人还是偏好用釉料，但让我来告诉你我的理由：比起釉料，着色剂涂刷的时间可以拉得较长，此外，我个人认为着色剂呈现出的面漆效果比较实在。我不反对釉料，只是依经验照实说，因为釉料干得太快了，以至于没时间慢慢吸收、融合，所以看起来有点粗率。但另一方面，着色剂可以花时间一点一滴融合，而且干了之后还会呈现半透明状。开始进行着色前，先检查你的家具是否先经过上漆（详见P52）、磨砂（详见P36），确认是否准备好可以进行这个步骤。

## 材料 /MATERIALS

· 塑胶手套

· 着色剂

· Purdy 白鬃刷

· 超强吸力万用纸抹布

**TIP**
小秘诀

先把着色剂涂在你顾得到的区域，这样你才不会忘情地一直往前涂。如果着色剂因停留太久而颜色变深，就算你动作再快，也来不及擦。着色剂停留的时间越久，颜色就会变得越深，一定要把这个变量算进去才行。不要先把整件家具都涂上着色剂，然后再回头一一擦掉，如此一来你最初涂抹之处，会比最后上剂的地方要黑很多。因此为了让面漆均匀，先涂一个地方，等待2~3分钟后擦掉，然后再去涂下个地方。

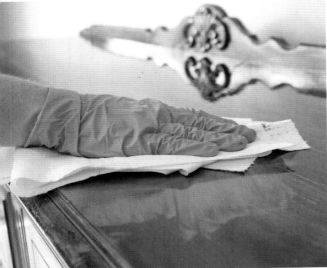

A

图A

B

图B

1 ▶ **戴上手套**，用油漆刷（我喜欢用白鬃刷，因为它的刷毛很软，不会留下凸起的刷痕）涂上着色剂，仔细检查，每一处都要涂到。虽然大部分的着色剂事后都会被擦掉，但该留下的还是会留下。

2 ▶ **表面全部涂上着色剂后**，等待2～3分钟，然后用纸抹布擦掉。注意要顺着木头纹理擦拭，不要以画圈的方式擦拭，否则最后会留下痕迹。用你的观察力和直觉来判断成果行不行，找找看有没有哪个地方颜色比较深或是涂得太多，然后拿块布把那些地方擦均匀。作业重点就在于营造出一种不做作的经典美感。除此之外，你还可以让着色剂停留在特定地方，做出家具在经过岁月洗涤下的磨旧感。着色剂干燥的时间比较长，通常在温度起伏不大的情况下需要3～4天才能完全干燥，摆脱俗气的感觉，但这段等待的时间绝对值得，我敢保证！

# 上蜡 WAXING

在上完油漆之后，给油漆面上蜡

不管是对于已上漆还是未上漆的家具，蜡都是一种既美观又耐用的面漆。蜡所表现出来的质感同聚氨酯漆着色剂都截然不同，它可以带给家具一种年代感和低调的光泽，而聚氨酯漆和着色剂所呈现出的亮度则较高。然而，上蜡的困难度也比较高，你的动作得够快，出来的效果才会平滑、实在。所以，当我想要替家具添上一些岁月的痕迹和深度，又不想要它太亮的时候，便会选择上蜡。开始上蜡前，再次检查你的家具是否经过上漆（详见P52），确认是否准备好进行上蜡。

## 材料 /MATERIALS

- 细颗粒研磨海绵
- 塑胶手套
- Purdy白鬃刷或蜡刷
- 无色蜡或深色蜡（详见小秘诀）
- 超强吸力万用纸抹布

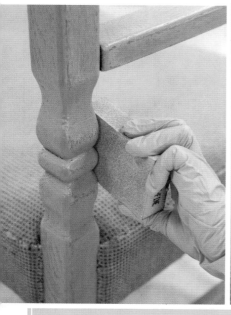

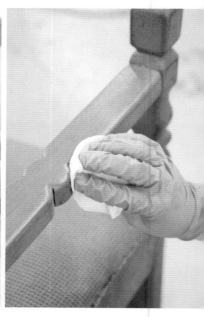

**TIP** 小秘诀 ▶ 一条旧紧身裤或丝袜就可以帮你将家具擦出美丽的光泽，它们是抛光的最好帮手。

**TIP** 小秘诀 ▶ 如果给家具涂上太多的深色蜡，则会很难吸收，所以通常我都会建议把深色蜡和无色蜡做混合，不仅方便吸收，而且漆面也较平均。蜡油干得很快，所以作业的时间有限，尽量分区作业，而且动作要快。

**1** ▶ **以研磨海绵轻轻地打磨木头。** 磨砂时戴不戴手套皆可。

图 A

**2** ▶ **戴上手套，** 以蜡刷或白鬃刷一次一个区域地涂抹上蜡。先把刷子蘸上无色蜡，然后再蘸一点深色蜡。我一般直接将刷子放到蜡油罐里面蘸取，因为用量很少。如果你担心这样会弄脏无色蜡的话，可以将两种颜色的蜡各取一些出来，于另外的容器内进行

图 B

混合。将无色蜡和深色蜡以2：1的比例混合出来的效果最佳。上蜡的窍门在于分次、分区域、均匀地涂抹。

**3** ▶ **在你作业的区域把蜡涂抹开来并擦拭，** 直到表面呈现出你满意的浓淡和深度。不管你从家具哪个部分开始进行作业都无妨。我一般都是从侧边开始，再往两旁延伸，然后把上面留到最后，没什么特别原因，只是我习惯这么做罢了，最重要的是要分区作业。你可以拿一条纸抹布来推涂蜡油，免得不小心下手太重。万一真的剂量用太多，也别慌张，你可以随时用研磨海绵再磨一次，然后重涂。

**4** ▶ **让蜡干透**（不同品牌的蜡干燥时间不等，详见使用说明）。我用的那种蜡数分钟内就会干，所以能够马上开始抛光。如果蜡已经干燥到可以抛光，就会呈现雾状或是完全平坦的外观，这时你可以拿纸抹布进行擦拭抛光，直到它呈现出你要的低调光泽为止。

图 C

# 丹麦木工油 DANISH OIL

　　有的时候，某些设计需要一些天然的木头来衬托它的完美，特别当我改造一件有着美丽木头椅脚的20世纪60年代物件时更是如此。它的木材或许有所刮伤或暗淡，但你只要用丹麦木工油，就能让木材改头换面、焕然一新。更何况，涂刷丹麦木工油既快速又不费力。

## 材料 /MATERIALS

- 细颗粒研磨海绵
- 超强吸力万用纸抹布
- 塑胶手套
- 丹麦木工油
- Purdy 白鬃刷

**1** ▶ **用研磨海绵轻轻磨砂木材**。注意别磨得太重，否则会伤及面漆。此步骤戴不戴手套皆可。

图 A

**2** ▶ **磨砂之后**，拿一条微湿的纸抹布擦拭表面，去除所有的粉尘。

**3** ▶ **戴上手套**，用刷子或纸抹布蘸取丹麦木工油，仔细涂抹整体表面。无论你用的是刷子还是纸抹布，都能达到同样效果，我则是习惯用纸抹布。

图 B

**4** ▶ **将家具整体都涂上丹麦木工油后**，再拿一条干净的纸抹布把多余的油擦拭掉。

# 贴壁纸
# APPLYING WALLPAPER

　　壁纸是我最爱用的装饰家具的素材之一。本人不善绘图，因此特爱壁纸。不管你有没有绘画天分或是不是科班出身，壁纸都能营造出一种手绘设计的氛围！我除了会在家具表面使用壁纸之外，也会拿它来做抽屉的内装。把壁纸贴在未处理的木料上时，必须先上底漆（详见P46）。少了这个步骤的话，木料会吃进太多壁纸专用胶，而出现粘不牢的问题。另外，适当的磨砂（详见P36）也很重要，让处理面尽可能呈现光滑的状态。因为壁纸一旦干了之后，任何处理面的瑕疵都会原形毕露，贴好的壁纸会变皱，因此千万不可大意。

## 材料 /MATERIALS

- 尺子
- 壁纸
- 剪刀
- 壁纸专用胶
- 油漆刷：Purdy Nylox刷（上胶用）、Purdy白鬃刷（上面漆用）

- 超强吸力万用纸抹布
- 美工刀
- 塑胶刮刀
- 水性聚氨酯漆
- 细颗粒研磨海绵
- 吸尘器

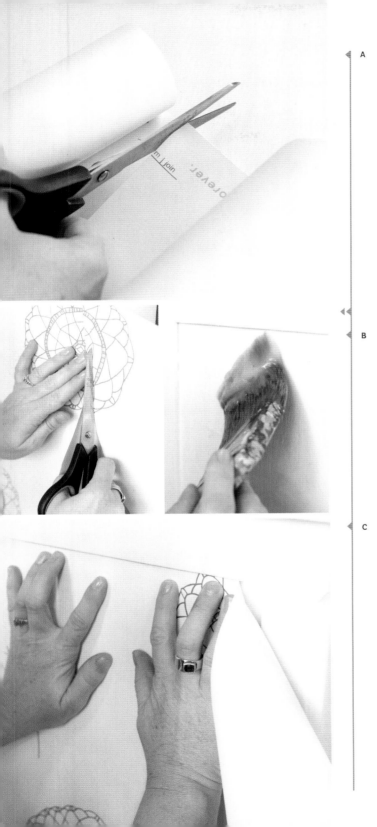

**1** ▶ **给家具上过底漆和油漆之后**，接着用尺子测量长度，并决定贴壁纸的位置。壁纸粘贴的位置相当重要，贴大图案或条纹的壁纸更是如此，必须确保图案的完整性。先量好壁纸的大小，贴上去之后才不需要用剪刀做太多修剪的动作。裁剪壁纸时如果预留太多，之后推平时将会碍手碍脚，边角的地方也会很难处理。我建议每边多留约2.5cm的空间以方便调整。

**2** ▶ **用Nylox刷依照指示上胶**。建议有些壁纸在家具表面上胶，壁纸本身不上胶。上胶时注意要涂抹均匀、平顺。若胶水一坨一坨的、没有均匀抹开的话，贴上之后会产生气泡。

**3** ▶ **把壁纸放在粘贴面上**，小心不要让壁纸正面沾到胶。最好把纸抹布放在手边，随时确保双手干净。用双手把壁纸推平，由上到下，从中间往外推，把气泡推掉。在墙角或内嵌装饰板粘贴壁纸时，一定要把壁纸推到底，这样修剪时才会修得干净利落。这时可用直尺来辅助，但注意不要用力过度，以免把壁纸弄破。把气泡推掉的大原则是从中间向外推。

4 ▶ **壁纸贴好之后**，用角尺或直尺配合美工刀
裁去多余的部分。美工刀要紧贴着尺子，
但不要用力过度，不然壁纸可能会被拉皱
或破损。每裁一次就掰断一节刀片，确保
每次下刀都能干净利落。

图 D

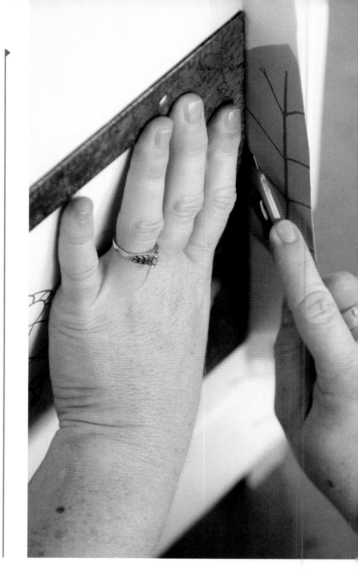

D ▶

5 ▶ **用一块干净的湿布把整个面擦一遍**，确认
所有的气泡都已经被推掉，且表面平顺。
如果气泡怎么都推不干净的话，可以用塑
胶刮刀把整个面推一遍。接着等壁纸完全
干透，然后用白鬃刷涂上第一层水性聚氨
酯漆。第一层聚氨酯漆干燥的时间通常为
3～4小时，干燥后用细颗粒的研磨海绵
轻轻地磨砂，让整个面呈现平顺光滑的质
感。

6 ▶ **用吸尘器把磨砂的粉尘吸干净**，再用一张
干净的纸抹布把整个面擦过，然后上第
二层聚氨酯漆并静置待干。记住，纸就是
纸，容易破损或刮伤，所以对于壁纸的粘
贴位置要考虑周全。譬如，如果想在桌面
上贴纸，你最好再切一块玻璃盖上去，以
保护整个桌面。

# 贴箔 METAL LEAF

把金属箔或金箔运用在艺术品上已经有数百年的历史了，这种传统技法一直沿用至今。但我在家具上运用金属箔的方式有那么一点不传统，闪烁的金属光泽和刻意做出的不完美正是它美的地方。金属箔在各大手工艺行、美术用品店都找得到。在贴之前首先要决定好粘贴的位置，其次选择是要贴在油漆面上，还是要让它从油漆底下透出来，这两种效果我都喜欢。我还喜欢利用油漆做一点仿旧的效果，让金属箔的光泽若隐若现，并能起到画龙点睛的效果。最后，还要确保粘贴面干净无尘。

## 材料 / MATERIALS

· 金属箔黏合剂

· 油漆刷：小支的笔刷（上胶用）、软鬃刷（推平用）、Purdy白鬃刷（上面漆用）

· 金属箔（金箔、银箔等）

· 细颗粒研磨海绵

· Minwax 胡桃色着色剂

· 超强吸力万用纸抹布

 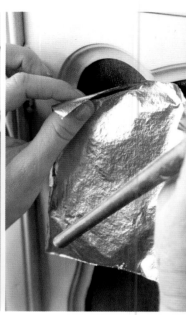

TIP
小秘诀
▶ 以金属箔加强家具细节效果的方法很适合用在内嵌装饰面板、装饰边上。你也能学我用胶带贴出效果。只要用一点点就很有效果了，所以要慎选粘贴的位置。

TIP
小秘诀
▶ 我决定用金属箔在这个家具的桌面贴出一道条纹以增添点儿趣味！要复制这个外观，只要先贴上遮蔽胶带，然后依照以下贴箔的教学进行即可。只要记得不要贴到外面去，并且在贴上金箔后马上撕去胶带就可以了。撕胶带时记得要慢慢撕，线条才会漂亮。

1 ▶ **用小支的笔刷把黏合剂涂在欲粘贴金属箔的位置。** 这种胶很稀，所以一次涂一点点就好，一边涂一边把小气泡抹掉，均匀上胶。因为这种胶水干了之后会很黏，因此注意不要涂到粘贴位置以外的位置。

图 A

2 ▶ **待黏合剂静置一小时后才能粘贴金属箔，** 这段时间黏合剂的黏性会开始作用慢慢变黏。

3 ▶ **待黏合剂静置一小时之后，** 用手取一张金属箔，一次贴一张，每张金属箔在粘贴时要重叠一点点，这样才不会露出明显的接缝。金属箔一碰上黏着面之后就不能揭下了，所以千万要贴在自己想要的位置。你可以一次用上一整张，也可以把它撕成你满意的大小再用。但是，金属箔本来就很容易破，所以不撕可能会比较好贴。在拿取金属箔时要谨慎，以免把这又薄又脆弱的金属箔给弄破了。

图 B

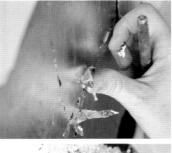

4 ▶ **用手指或软毛刷把金属箔刷平**，轻轻刷去多余的金
属箔。在贴的时候，如果有皱或秃的部分都属正常
图C 现象，只要轻轻把皱纹抚平，在空缺的部分补上金
属箔就可以了。一直贴，直到整个黏着面贴满金箔
为止。

5 ▶ **贴满金属箔之后**，可以就这样丢着不管，也可以用
细颗粒的研磨海绵稍微磨过做出仿旧的效果。注意
图D 不要磨去太多，而且磨的力道要非常非常的轻，不
然贴好的金箔全部都会被磨掉噢！

6 ▶ **磨砂的动作完成之后**，要立即涂上保护漆或着
色剂，避免金属箔氧化，同时提供一层保护。
图E 市面上有卖金箔专用的保护漆，但我爱用的
是着色剂，我会在贴好的金属箔面上整面涂上
它。我个人觉得着色剂能够让表面更加有深
度，同时也有保护的作用。用白鬃刷将整个家
具涂上着色剂，这样外观才会一致。然后用纸
抹布把涂好的着色剂再擦过一次，使其分布均
匀。

# 牛奶漆 MILK PAINT

　　牛奶漆是我在工作上最爱用的油漆，它质朴的调性、洗练的漆面和自然仿旧的特质都很能呈现家具的整体感，同时又能赋予家具自然的岁月痕迹。牛奶漆很容易上手，易于使用。在你开始上漆之前，先以细到中颗粒的研磨海绵轻轻磨砂（详见P36）家具，接着拿条干净的湿纸抹布清洁表面，然后进行木器填补（详见P40），把不会用到的五金孔洞以木器填补剂补平，再钻好新的洞。注意请勿使用任何类型的木材清洁剂或溶剂，因为它们会在家具表面留下一层油性的薄膜而可能渗出油漆，或者导致油漆无法顺利附着在家具上。

## 材料 /MATERIALS

· 透明液体量杯（测量调配用）

· 牛奶漆粉末

· 热水

· 搅拌棒

· 油漆刷：Purdy Nylox 刷（上漆用）、Purdy白鬃刷（上面漆用）

· 细颗粒和中颗粒的研磨海绵

· 吸尘器

· 轨道式砂磨机（视情况使用）

· 超强吸力万用纸抹布

· 水性或油性的聚氨酯漆

· 抽屉内装用纸（视情况使用）

**TIP**
小秘诀

调配牛奶漆和上牛奶漆一样重要！我是用从Home Drepot（家得宝）买来的塑胶透明液体量杯来测量和调配牛奶漆。牛奶漆有已调配好的和粉末状的两种，我一般都是买粉末状的，因为调配步骤真的很简单。

**TIP**
小秘诀

有件事一定要谨记，牛奶漆干了之后会出现孔隙，而且没有任何防护，因此你要小心，别让家具表面靠近任何油性、湿气重的物品或任何溶剂，直到你把它密封起来为止。

**1** ▶ **调配牛奶漆**。用量杯以1：1的比例混合粉末和水，用热水会比较好溶解，而且我所谓的调配指的是大量调配。用搅拌棒拌匀，一直拌到看不到结块且顺滑无比为止。我个人建议在整个上漆的过程中要不时搅拌一下，好让牛奶漆能维持一定的顺滑度。

**2** ▶ **用Nylox刷顺着木纹的方向上漆**，注意别
．．．．．． 前后刷得太频繁，导致上漆过度，只要以稳
图A 定力道拉长笔触就可以了。我喜欢用刷子来上漆，因为这样能增添漆面的深度。牛奶漆在上第一层的时候通常看起来会有点半透明，但只要待第一层干了之后涂覆上第二层，家具表面就会被完整覆盖住。然而，牛奶漆干燥之后刚开始看起来很粉，而且有些地方会因为黏着不住而剥落，这种情况看起来颇为吓人，不过这都是正常的过程。你可以多实验一些不同程度的覆盖性，再决定哪种最适合你正进行改造的家具。

3 ▶ **待第一层漆干燥后**，用细颗粒的研磨海绵
轻轻磨砂，除去所有脱屑。如果你省略这
个步骤的话，到最后你的漆面就很有可能
会东凸一块，西凸一块。之后再以吸尘器
吸除整体表面所有的粉尘。

图B

4 ▶ **磨砂完成之后再上第二层牛奶漆**，牛奶漆
60～90分钟就会干，所以两层漆中间的
等待时间不会太久。

5 ▶ **等到家具完全干透之后又到了磨砂时间。**
这次磨砂的目的是要去除任何残留在漆面
上的尘屑，同时也是要打造出你自己喜欢
的触感。可以选择拿细颗粒的研磨海绵，
用手磨砂出更自然的风貌，也可以以轨道
式砂磨机来打造出更沧桑的仿旧风。事实
上，牛奶漆本身就是一种会呈现出仿旧
风格的油漆，所以这方面交给它是没问题
的。这里的重点在于一定要去除所有剥落
的油漆屑，相信你不会想看到它们在最后
涂上聚氨酯漆后才脱落。磨砂过后，拿起
吸尘器吸除尘屑，再以纸抹布擦干净。

图C

6 ▶ **用白鬃刷涂上第一层聚氨酯漆**，放2小时
让它干燥，然后再用细颗粒的研磨海绵磨
砂。轻轻磨砂整体表面后，用吸尘器和纸
抹布清除所有尘屑，然后再上第二层聚氨
酯漆。如果你涂上牛奶漆的物件是要用来
安装水槽，或其用途容易导致磨损、磨旧
的话，我强烈建议你涂上油性的聚氨酯漆
以做好防水措施。

图D

7 ▶ **安装新五金（详见P44）**，铺上抽屉内衬
纸（详见P118）。

# 转印贴图 VINYL DECALS

　　转印贴图说白了就是一张大贴纸！它们的形状和尺寸一应俱全，无论是墙面、家具、门板或窗户等都可以粘贴。你可以在网络商店买到它们，而我这次使用的这种特殊箭头的转印贴图则是在Etsy网站上买到的。转印贴图使用简单，又能为家具制造一个亮眼的细部装饰。它的使用方法有以下两种：你可以拿一件上过漆的家具，然后把贴图转印在上面当作是表面的装饰；你也可以利用它来做反转效果。我在这里使用的是反转技巧，我喜欢在转印贴图后用油漆将它们覆盖住，直到最后撕下时，贴图底下就会呈现出木头的自然光泽。

## 材料 /MATERIALS

- 细颗粒研磨海绵
- 吸尘器
- 超强吸力万用纸抹布
- 转印贴图
- 剪刀
- 黄色 Frogtape胶带
- 塑胶刮刀
- 油漆
- 油漆盘
- 油漆刷：Purdy Nylox刷（上漆用）、Purdy白鬃刷（上面漆用）
- 泡棉滚筒
- 水性聚氨酯漆

小秘诀：我看过许多美丽的转印图案，例如桅杆帆船、世界地图、海洋生物和座右铭等。一般来说，贴图要依你设计图的细部数量和你喜欢的图案类型为主，但无论你选择什么样类型、尺寸和设计的贴图，转印技巧都大同小异。我在这里选择的是现代风的箭头图案，因为我觉得这个设计更适合这件20世纪60年代的家具。

小秘诀：在开始之前，先决定好你想在家具的哪个部位贴上贴图，并确认图案本身和你选择的家具部位是否合适。如果你想把一半的贴图贴在家具侧边，然后再沿路往上贴到上侧（如同我在这里用箭头图案所示范的技巧），那就大胆放手去做吧。

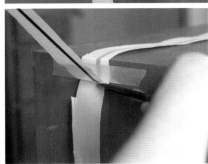
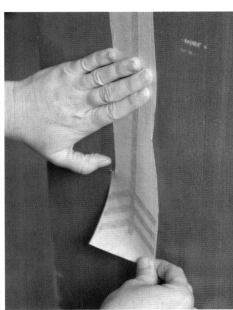

1 ▶ **以细颗粒的研磨海绵轻轻地磨砂（详见P36）整件家具**，要特别仔细磨砂即将贴上贴图的部位，因为表面必须特别平滑才行。如果你要进行的是这里提到的反转技巧，相信你也会希望木头表面能有平整顺滑的触感，而非布满斑点和刮痕。磨砂过后，拿吸尘器吸除表面尘屑，再以纸抹布擦干净。

2 ▶ **如果贴图分成好几个部分**，就拿剪刀把每个部分都剪下来，这样才能贴得顺手、好看。贴图时，撕一块 Frogtape 胶带，然后找到贴图的中间点粘上去，如此就能帮助贴图定位，贴起来也更顺手。贴胶带这个步骤非常重要，可以让整个流程更能进行顺利。

图 A

3 ▶ **撕开贴图的胶膜直到中间点为止**，小心地剪掉胶膜。注意在粘贴之前别让贴图接触到家具表面。

图 B

4 ▶ **开始施力粘贴贴图**，从最上端（中间点）起一路往下贴，小心确认，要让它一次成功，因为贴图一旦粘上后，如果要取下，就会破坏到图案本身。

图 C

5 ▶ **把前半部贴上后**，你就能撕掉后半部的胶膜，然后照着一样的步骤将剩下的部分贴上。

6 ▶ **使用转印贴图时**，塑胶刮刀是一件不可少的工具。当你把贴图转印上家具后，用刮刀以轻柔平稳的力道，来回地从一侧刮到另一侧，这种动作可以排除粘贴时积在里面的空气，并将贴图平稳地转印在家具表面。如果你确定贴图已经完全贴上，轻轻地将最上层的纸膜撕掉。请注意，这里要放慢、放轻地做，以免漏掉哪个部分，还得回头去用力粘贴。

图 D
(P78)

7 ▶ **贴图全部都转印上家具后**，就可以开始上漆（详见 P52）了。把油漆倒进油漆盘，把你选择的涂漆颜色上满整个表面。我在这里挑的是灰色，刚好可以和家具的木头色调作为互补色。建议使用泡棉滚筒上漆，因为它分配的涂量刚刚好，不会使贴图周边显得太厚。不过你也可以使用Nylox系列油漆刷。此处的重点在于涂层一定要薄！

图 E

8 ▶ **上第一层漆**，依照操作说明指示的时间让它干燥，一般需要1~2小时，然后按照相同方法上第二层漆。

9 ▶ **等到第二层漆摸起来感觉干了之后**，就可以撕掉贴图。请注意撕贴图时所碰到的第一个转角处，小心别让漆面因此剥落或是刮伤。我发现用两手慢慢、平稳地撕除最安全，也最顺利。

图 F

10 ▶ **等到全部的贴图都撕除后**，就可以开始上保护面漆。我是以白鬃刷涂刷透明的水性聚氨酯漆，如此就能降低家具的磨损率。涂上2~3层的聚氨酯漆，每次涂完都要待其干燥，并进行轻磨砂（详见 P36）。

# 模板 STENCILS

模板对于缺乏手绘天分的人来说，可是一大福音！运用模板不仅可以轻松地进行设计，成果也非常令人满意。有时候只是随意涂上几个圆圈，但效果却非同一般。我是艾德·罗斯的粉丝，我最爱他的书和他打造的模板网站"Stencil 1"。本章节使用的模板就是来自他的书《Stencil 101》。开始作业前，先规划好自己想要的设计，清楚掌握运用模板的位置，这样才能完美呈现心中所想。

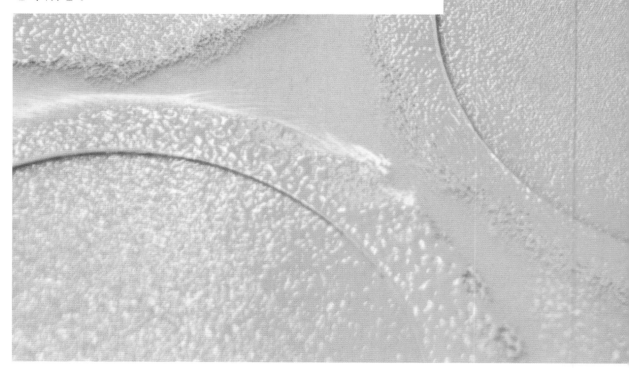

## 材料 /MATERIALS

- 模板
- 铅笔
- 黄色 Frogtape胶带
- 海绵笔刷
- 缎面乳胶漆
- 超强吸力万用纸抹布
- 细颗粒研磨海绵
- 塑胶手套
- 着色剂
- Purdy 白鬃刷

TIP 小秘诀 ▶ 你也可以用铅笔描绘出模板的图案，然后再慢慢用油漆把图案填满。不过这个方法会比本章使用的方法更辛苦一点。

A ▶
B ▶▶

C ▶

D ▶

E ▶
F ▶▶

1 ▶ **把模板放在想要的位置**，然后用铅笔在家具表面上勾勒出模板的四个角。这些标示出模板位置的铅笔记号，就是接下来设计的依据。

2 ▶ **设计完毕之后**，放好第一张模板，撕几段 Frogtape 把模板粘在家具上以固定。

图 A

3 ▶ **用海绵笔刷蘸取油漆**，然后在纸抹布上按压几次，吸掉多余的漆。运用模板上漆时，油漆的用量以少为佳，宁可每次用少量的漆，多上几次，也不要一次就下手太重，否则很容易导致油漆溢出模板的边界。

图 B

4 ▶ **轻轻地以按压的方式上漆**。力道放轻，做出来效果才会漂亮均匀。重复这个动作直到涂满整个模板。

图 C

5 ▶ **重复运用模板图案时**，模板涂满之后要马上取下擦干净，再放到下一个上漆的位置，重复这么做直到整个设计图完成。

图 D

6 ▶ **第一层漆干了之后**，回到起始位置，放好模板，再上第二层。

7 ▶ **整个模板设计完成之后**，静置 2 ~ 4 小时待干，然后以细颗粒的研磨海绵轻轻磨砂。我喜欢这么做，这样能够磨掉部分堆厚的漆，让整个模板图案有种"洗过"的感觉。接着用一张干净的纸抹布把磨砂的尘屑擦掉。

图 E

8 ▶ **戴上手套**，然后给整个家具表面上一层保护涂层。在这个步骤当中，我喜欢用着色剂，因为它不仅能给油漆增添棕色的岁月感，同时也有保护的作用。如果你想上水性的聚氨酯漆，同样可以使用白鬃刷，因为它本来就是用来上着色剂和聚氨酯漆的。

图 F

# 投影机
## OVERHEAD PROJECTOR

投影机是你帮家具添加设计细节的最佳帮手，对于我这种无法随心手绘出美丽图案的人来说更是如此。它的好处在于帮你把一切处理妥当，你只需要在框框内把漆涂满就行了！当我无法使用模板，但又想放大设计图的时候就会使用这个技法。此外，比起模板和转印贴图，这种设计风格也多了点手绘的活泼感。进行前先在家具表面上一层底漆，以形成坚固的表面，这样在描绘设计图时会比较轻松。

## 材料 /MATERIALS

· 设计图的投影片（详见小秘诀）
· 投影机（详见小秘诀）
· 铅笔
· 尺子
· 油漆
· 油漆刷：小支的平头刷和斜口刷（上漆用），Purdy白鬃刷（上面漆用）
· 研磨海绵
· 吸尘器
· 超强吸力万用纸抹布
· 聚氨酯漆

**TIP** 小秘诀 买一整叠投影片可能会有点贵，但你可以花一点钱让专业的公司帮你把图印出来。

**TIP** 小秘诀 只要到学校、教会或二手文具用品店都能找到投影机，价钱通常也不贵。如果你真的找不到，美术用品社卖的实物投影机也可以替代。

**TIP** 小秘诀 你可以在网络上找到很多的免费美工素材网站，但你如果能使用绘图软件（如Illustrator和Photoshop）创造出属于自己的设计的话更好。假如你不会操作计算机软件，那就找个能帮你设计的人吧！请务必确认设计图和家具尺寸合不合，平面或桌面最适合用这个方法。

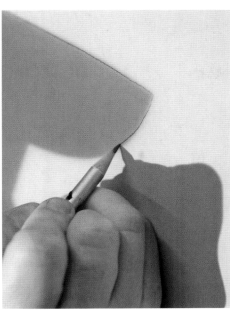
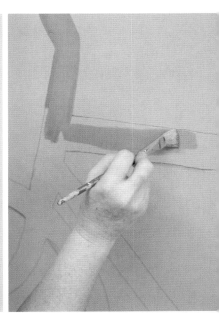

1 ▶ **将你的设计图印在投影片上。**

2 ▶ **把家具摆放好**，好让你能站着或坐着描绘出图形轮廓。以这张桌子为例，我翻转桌面，把它架在两座平台上，如此一来不仅能让它保持平稳，我也能更轻松地描出轮廓。

3 ▶ **架设投影机**，将投影片放在荧幕上，我通常都把投影机放在椅子上，因为需要移动时比较方便。前后调整投影机，直到设计图完全投射在你想要的位置上。转动投影机的旋钮，调整尺寸和清晰度。

图 A

4 ▶ **当图片投射到你要的位置时**，拿支铅笔开始把图案描下来。如果这个图案有很多直线，你可以用尺子来辅助，画出好看笔直的线条。至于这次的自行车图案，我选择让它呈现出有点不完美的感觉，所以描图的时候比较随心所欲。描图时请注意你的描线

图 B

要够黑，至少你自己要看得见，但小心别画太重，以免画错时擦不掉。如果你想检查自己的描线，只要关掉投影机就能清楚看到自己目前画出的效果，并且也可顺便修正。这里有个小建议，描图的过程中尽量将投影机和投影片摆在同样的位置上别移动，如此一来才能确保设计图的位置不会变。

5 ▶ **描图完成后就可以上漆了。**同时使用小支的平口刷和斜口刷能刷出最好的效果。此外，我会把漆刷出描线外一点点，这样一来描线就不会出现在成品中。尽情在这里发挥你的创意，让它成为一件独特的作品吧！

图 C

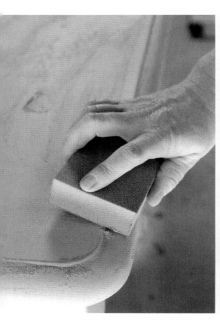

**6** ▶ **等第一层漆完全干燥**（需1~2小时）之后，再上第二层漆。第二层漆进度会快很多，因为这次不用小心翼翼处理线条的部分。事实上，依照设计的不同，有时候上一层漆便已足够，但大部分的作品都需要两层漆才能呈现出完美的效果。

**7** ▶ **等上漆的作业全部完成后就放着让它干燥。** 接着你就能用研磨海绵进行磨砂（详见P36）。磨砂的程度完全依你所需，不管你想要高度仿旧、些微仿旧，还是完全不仿旧都行。如果你不想要仿旧效果，可以跳过这个步骤，这些完全取决于你的设计和你想呈现的风格。假如你有进行磨砂，用吸尘器装上刷头把家具表面吸干净，然后拿干净的纸抹布擦掉所有尘屑。

图 D

**8** ▶ **拿白鬃刷在表面刷上保护漆，** 这样能让你费尽心血的作品长久如新。对大部分的家具而言，刷上水性的保护漆就足够了。然而，如果你的图案是涂刷在桌面上，或者将摆放在使用频率很高的地方（如玄关、客厅等），我强烈建议你涂上油性的聚氨酯漆，以维持长久的保护效果。

图 E

# 蝶古巴特 DÉCOUPAGE

　　蝶古巴特是一种运用广泛、历史悠久的古老装饰技法，20世纪因为手作盛行而广受人们的喜爱。蝶古巴特就是将纸、塑胶或其他平面上的素材剪下来，将其贴在有清漆或亮漆的家具等物品上。而近年来，蝶古巴特发展迅速，连现代风格的拥护者都爱上它的美丽。在你动工之前，先将家具上的凹凸不平处和不需要的孔洞涂上木器填补剂（详见P40），再以研磨海绵磨砂（详见P36），最后用湿的纸抹布将表面擦干净。在贴上装饰纸之前，要确保家具表面一定要平整光滑才行。

## 材料 /MATERIALS

· 尺子

· 装饰用纸（详见小秘诀）

· 剪刀或美工刀

· 黏着剂：使用壁纸的话请准备壁纸专用胶。依照不同纸材使用拼贴胶。

· 小油漆盘

· 油漆刷：小笔刷（上黏着剂用）、Purdy Nylox刷（上最后一层的拼贴胶用）、Purdy白鬃刷（上聚氨酯漆用）

· 美工刀

· 塑胶刮刀

· Mod Podge 拼贴胶

· 水性聚氨酯漆

· 研磨海绵

TIP
小秘诀

当初决定要在这两件家具上做蝶古巴特的时候，本来是想用我非常喜欢的报纸图案，因为它经过剪裁和重叠后就看不出任何接缝。然而，最后我还是想要在外观上多一点设计感，所以选择了这张重复印有帆船的图案。当你在挑选用于蝶古巴特的纸材时，又小又密集的重复图案一般都能呈现出不错的一致感。我要用这个技法将整件家具都包覆起来，不过你也可以裁剪下来使用在家具的局部。

TIP
小秘诀

有很多纸类可供你选择，例如仿旧纸、壁纸、报纸、包装纸，甚至宽版纸胶带等。不管你决定要用哪种纸，都要在动工前确认好纸的数量是否足够用来完成你的改造作业。多准备一点总是好的，就算有剩下的也能用在其他改造上，或是拿来当作抽屉内衬纸也行。

1
图 A

**先拿尺子测量好之后**，用剪刀或美工刀小心地把纸裁剪下来，这样它的大小才会刚好符合你要拿来粘贴的面积。在小油漆盘内倒入足够的黏合剂，然后拿笔刷在家具表面和纸的背面刷上一层薄薄的黏合剂。在工作过程中，尽量让黏合剂只附着在需要的地方，黏合剂会很快干，所以纸的上胶速度要快。接着小心地将它往下贴。

2
图 B

**把纸贴上家具之后**，以手指轻轻地顺过去。这里我会建议你使用塑胶刮刀，它能帮你把纸推得更平整，还能排出多余胶水以免起皱。重点在于要从纸的中心点一路往边缘推过去，而且这个诀窍对于排除气泡和残胶都适用。建议你多准备一张纸抹布，好让你在工作时保持双手干净，因为你不会想把自己手上的脏污和灰尘沾染到纸上面。但我保证你的手指一定会沾到很多胶水，因为这个技法就是会搞成这样，所以尽量试着让双手保持干净吧。

3 ▶ **继续照着上述的步骤把纸贴上去**，分区进行作业，
图 C    直到整件家具都贴上你需要的图案为止。在完成
后，每个部分都用 Nylox 刷涂上一层拼贴胶，拼贴
作品一定需要涂上这种黏着胶水。

4 ▶ **当所有的纸都粘贴上**，而拼贴胶也干燥后就能在表
图 D    面再上一层聚氨酯漆。这个动作不仅能让家具表面
更好看，也能保护你小心翼翼贴上家具的纸面。我
个人十分推荐你在拼贴胶上再涂一层聚氨酯漆，因
为我发现就算是等拼贴胶完全干燥，有时还是会有
种廉价的感觉。然而，这时如果以白鬃刷涂上一层
聚氨酯漆，就能让表面更加平滑。当你上完2～3
层聚氨酯漆后，放着让它干燥，注意每层涂料中间
都要以研磨海绵轻轻打磨，你的作品就完成了。

# 色块
## COLOR BLOCKING

这个简单的技法是利用一种颜色的不同浓淡来呈现出美丽的效果。色块可以是低调的色调，也可以是明亮的色调，一切都取决于房间的风格。色块的效果不只适用于婴儿房，也能将你家的任何一间房打造出现代、华丽的感觉，你只需稍微改变色彩组合和上漆技巧，就能营造出奇幻或经典的风格。所以尽情秉持你的个人风格，发挥无限创意吧！我选择用这个技法来改造斗柜，因为斗柜的抽屉能自然地引导出色阶的变化。不过色块的技法其实是能应用在各式各样的家具上的，我曾在桌子、床头板、椅子，甚至地板上应用过。在你动工之前，先检查你的家具有没有经过完整的磨砂和清洁，是否已经能够上漆，如果你还要安装新五金的话，就要先用木器填补剂将家具内外不需要的孔洞填平。

## 材料 /MATERIALS

- 绿色 Frogtape 胶带
- 油漆
- 油漆盘（每色一个）
- 油漆刷：Purdy Nylox刷，油漆用，每种油漆色都各自用一支；Purdy 白鬃刷，上面漆用
- 泡棉滚筒（用于涂刷抽屉和斗柜平面）
- 细颗粒研磨海绵
- 吸尘器
- 超强吸力万用纸抹布
- 水性聚氨酯漆
- 抽屉内衬纸

1 ▶ **把全部的抽屉边缘和滑轨都用胶带贴起来**，防止这些部分沾到油漆，这样才能有线条干净、专业的效果。

2 ▶ **把不同颜色的油漆分别倒进不同的油漆盘里。**
图A　边缘的部分用Nylox刷涂刷，大面积的平面则用泡棉滚筒，把整件家具都涂上你选出的最浅色（底色）。底色完成后，从最下方的抽屉前板（或是任何你用色块技法来改造的家具的最下方）开始进行涂刷。最好将最深色刷在最下端，将最浅色刷在最顶端，如此来营造出色阶的效果，所以依照你选择的颜色，先从最深色开始刷涂。

3 ▶ **接着移动到另一个抽屉或区块涂刷下一个颜**
图B　**色**，记得要按照从最深到最浅的顺序，直到你完成最上层的抽屉或区块的涂色。

4 ▶ **如果你想要在这件家具上做仿旧的效果**，也没
图C　问题，只要以细颗粒的研磨海绵轻轻地打磨边缘就可以了。记得要拿吸尘器吸除所有的尘屑，然后以纸抹布把表面整个擦干净。

TIP ▶ 当你在选择油漆的颜色时，建议你
小秘诀　可以利用能显示出色阶的色卡来帮助你做决定。当你将选色范围缩小到一个特定的颜色时，只要再从相同色调里挑选喜欢的4~5种颜色就行了。

A ▶

B ▶
图D

**5** ▶ 以白鬃刷为整件家具刷上一层水性的聚氨酯漆。不同品牌的涂料的干燥时间也不尽相同，但大部分的水性聚氨酯漆都能在2小时内完全干燥。第一层涂料干燥之后，轻轻地打磨表面，以吸尘器吸除尘屑，再拿干净的纸抹布擦拭过后，就可以上第二层。

**6** ▶ 安装五金，然后用纸来布置抽屉（详见P118），让你改造的家具更完美。抽屉的内衬纸应该选择能搭配整体设计的颜色和样式，毕竟当人们在看一件家具时，第一件做的事就是打开抽屉看里面，所以一定要留下美丽的第一印象！

C ◀

D ◀

# 漆上线条
# ADDING STRIPES

　　不同线条和条纹的设计，能够为家具增添创意感和现代感，而且制作过程既有趣又简单。有时单单只是三四条线就有画龙点睛的效果，而有时可能要涂个二十几条才有那个感觉。不过，不管线条多少，最重要的是在涂刷线条的过程中用对胶带，并确保线条笔直！设计图案的步骤也十分重要，所以好好花些时间设计出想要的条纹图案，做出一个超"吸睛"的作品吧！

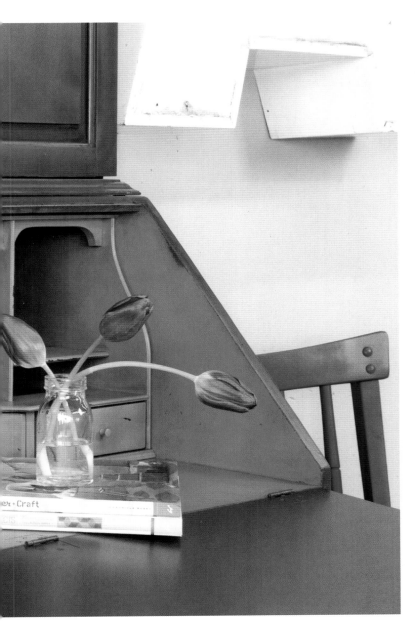

## 材料 /MATERIALS

- · 卷尺或直尺
- · 铅笔
- · Frogtape 胶带（详见小秘诀）
- · 美工刀
- · 油漆
- · 油漆盘
- · 泡棉滚筒
- · 油漆刷：Purdy Nylox 刷（上漆用）、Purdy白鬃刷（上面漆用）
- · 着色剂或聚氨酯漆
- · 细颗粒研磨海绵
- · 超强吸力万用纸抹布
- · 塑胶手套

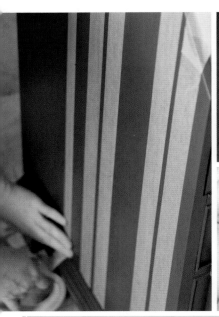

TIP
小秘诀

如果要涂刷线条图案的家具表面最近才上过底漆，最好选用黄色的 Frogtape 胶带，因为黄色胶带没有绿色胶带黏，所以不会损伤刚完成不久的底漆。贴胶带的时候要用力压紧，避免油漆从胶带底下渗出。如果想让天然木纹成为线条的一部分的话，就用绿色 Frogtape 胶带，同样要确实粘紧，这是成功漆出干净线条的关键。

**1** ▶ **设计线条图案**。若想漆出规律的线条，先拿卷尺或直尺测量整个面的大小，然后用铅笔标出每条线起始的位置。接着用铅笔和尺子轻轻画出要贴胶带的地方。一定要先确认所有的线条是均匀分布在整个面上之后，再开始贴胶带，这个小动作能帮你省下许多时间，避免不必要的麻烦！若想漆出不规律或比较搞怪的线条，只要在自己觉得理想的位置贴上胶带即可，这就是即兴创作！

**2** ▶ **开始贴胶带**。拉开胶带，边拉边贴，头尾粘紧后再压紧整条线，确认线条是否笔直。如果中间有歪的地方，就从尾巴撕起，一路撕到歪的地方再往下重
图 A   贴。确认线条笔直之后，用力把胶带确实压紧。

3 ▶
图 B

**视情况用美工刀和尺子把胶带尾端修齐。**依家具形状和图案设计的不同，有时还可以用胶带尾端包住家具来收尾，这样就不用修剪了。但如果图案设计是有一个利落的终止点的话，就必须让线条呈现非常笔直利落的状态来达到最理想的效果。

4 ▶
图 C

**把油漆倒入油漆盘中，**开始涂刷。用泡棉滚筒上漆，不但漆薄，而且漆面平顺。但有时线条的宽度并不适合用滚筒上漆，这时候就要用笔刷上漆了。不管用哪一个都可以，但切记涂漆的时候漆要薄，不然线条边缘会堆漆，这样线条看起来就没有那么无痕，而且撕除胶带的时候，这些堆漆的地方很容易会跟着一起剥落下来，整个线条会变得很脏乱。记住，我们的目标是漆出完美利落的笔直线条。

5 ▶

**在整体图案还没漆完之前不要撕除胶带，**因为你很难再把它们贴回原本的地方。但是整个图案漆完后要马上把胶带撕掉，这样才能达到最完美的效果。整个图案漆完，趁油漆还是湿的时候把胶带撕掉，这点非常重要！

6 ▶
图 D

**等油漆完全干了之后，**可以直接用白鬃刷涂上着色剂或是聚氨酯漆，或者你可以在上面漆之前，用细颗粒的研磨海绵磨砂你的家具。以这个家具为例，我先把整个家具磨砂，再上一层Minwax胡桃色着色剂，增添有深度的光泽感。记得上着色剂时要戴塑胶手套。

# 浸染效果
# DIP-DYED LOOK

浸染效果是目前家具界正在流行的元素，但只要利用得当，它也能看起来非常经典。我喜欢那种能保留一点点家具原有漆面的设计，而浸染技法则最能够表现出这种感觉。我会挑有细长桌椅脚的家具来搭配浸染技法，例如边桌、书桌和椅子等，它们细长的旋木椅脚能衬托出浸染的效果，进而使外观更加抢眼。为了让这个家具为本技法做出最出色的示范，我事先替椅脚进行了脱漆和磨砂，让它们颜色变得更浅。之所以只给椅脚脱漆，是因为想要让木头椅脚的颜色和我挑选的油漆颜色对比更明显。你也可以帮整件家具都做脱漆，但这里的原定设计只有椅脚是需要脱漆的。

## 材料 / MATERIALS

· 卷尺
· 铅笔
· 绿色 FrogTape胶带
· 油漆
· 油漆盘
· 油漆刷：Purdy Nylox 刷（上漆用）、Purdy白鬃刷（上面漆用）
· 泡棉滚筒

· 细颗粒研磨海绵
· 超强吸力万用纸抹布
· 水性缎面聚氨酯漆

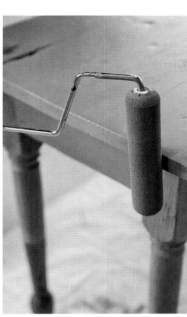

TIP
小秘诀

浸染效果可以用在很多地方。我在这里选定的是一张方桌，但你也可以挑书桌、椅子、五金配件或斗柜的抽屉等。这次我让椅脚保留天然木材的颜色，但你也可以替它涂上其他色彩。

1 ▶ **先决定好你想保留多少天然木材的部分**，测量后在需要贴上 Frogtape 胶带的地方用铅笔做记号。有时椅脚本身就有明显的记号，例如设计变换时的接点或明显的沟槽等，这些记号都能让贴胶带的工作顺利许多。

图 A

2 ▶ **把胶带贴在涂漆的起始处**。如果是圆状椅脚的话，则会有些难度。因为要把胶带完美地缠绕原本就有点难，你或许得先调整几次之后才能顺利贴好。重要的是，你的胶带一定要缠得漂亮，如此一来你的线条才会漂亮，而作品最后才能呈现出最棒的浸染效果。

图 B

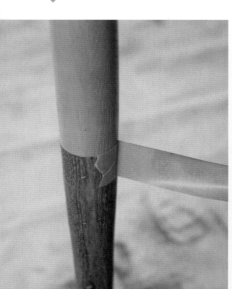

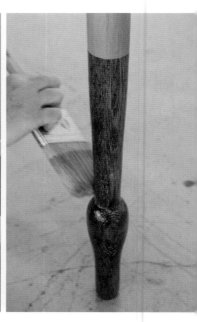

**3** ▶ **把一些油漆倒进油漆盘**，将胶带以上的部分全部上
漆，并注意不要将漆沾到胶带以下的部分。你可以
用Nylox刷或泡棉滚筒上漆，只要确定能将油漆涂
得均匀就行了。等 1 小时让第一层油漆干燥之后再
上第二层。

图 C
(P101)

**4** ▶ **涂上第二层油漆后就能撕掉胶带**，然后等油漆完全
干燥。

图 D

**5** ▶ **用细颗粒的研磨海绵磨砂家具边缘**，营造出些微的
仿旧感，但小心别磨到浸染的漆线，这样漆线才能
保持整齐且好看。磨砂过后用干净的纸抹布将尘屑
擦拭干净。

图 E

**6** ▶ **以白鬃刷在家具表面涂上2～3层的聚氨酯漆。** 在
涂刷多层聚氨酯漆时，请依照厂商建议的干燥时间
和磨砂说明进行作业。如此一来不仅能为天然木材
增添美丽的底漆，也能为家具整体提供完善的保
护。

# 干刷
## DRY BRUSHING

通过干刷，只需用一点点的油漆就能做出富有手感、水洗过的效果。干刷过的表面会呈现出一种岁月感，宛如漂流木的沧桑氛围更是美得没话说。干刷能够做出木材洗白的效果，而且省去洗白效果所需要的额外动作。总之，这是个看起来很难，但其实非常简单的技巧。

## 材料 /MATERIALS

- 轨道式砂磨机
- 吸尘器
- 超强吸力万用纸抹布
- 油漆
- 油漆盘
- 油漆刷：Purdy Nylox Glide刷（2英寸，约为5.1厘米，上漆用），Purdy白鬃刷（调漆用的干刷子，视情况使用）
- 细颗粒研磨海绵
- 油性聚氨酯漆（详见小秘诀）

**TIP** 小秘诀 ▶ 改造物件是张桌子，本来就会因使用频繁导致磨损，所以我在改造过程中选择使用油性聚氨酯漆。

**1** ▶ **把要干刷的家具先整个磨砂（详见P36）** 一遍。用吸尘器把磨砂后的粉尘吸掉，再用纸抹布整个擦过，确保作业面干净无尘之后，再开始上漆。

**2** ▶ **把油漆倒入油漆盘中**，轻轻地用Nylox刷沾取油漆，只需要用刷尖蘸一点点就好。所谓的一点点，是真的只要用刷尖碰一点点油漆就好了噢！

**3** ▶ **手边准备一些折成小块的纸抹布**，上漆前沾一下刷子，吸去过多的漆。

**4** ▶ **沾过纸抹布之后**，刷子上的漆应该非常稀薄（用手摸几乎是干干的状态），这时就可以上漆了，在家具表面来回地快速扫动。刷平面时要水平方向移动，刷细节和垂直面时，则要垂直移动。顺着木纹刷漆，在刷子干之前尽可能刷到越多地方越好。最重要的是（我是认真的！）干刷时力道要轻，速度要快，这样刷出来的效果才会均匀。干刷起始点的漆一定会比其他地方要厚，最好的方式是在刷子刷到要干的时候再回到起始的区域快速地来回刷过。干刷技巧的秘诀就是用快到不行的速度刷。这张桌子在刷第一层时只花了25分钟。如果发现某个地方的漆特别厚，可以用纸抹布或干的油漆刷快速地把那个区域刷过，也可以等漆稍微干了一些之后，用细颗粒的研磨海绵轻轻磨掉，但切记，把漆打薄越早进行越好。

图 C

C

**5** ▶ **继续以 Nylox 刷蘸取油漆**，涂抹前先用纸抹布吸掉一点，重复这个动作直到漆好整个家具。如果觉得漆太厚，就要把刷子洗过，待干后再开始。我通常在整个干刷过程中会洗一次刷子，确保油漆的厚度一致。

**6** ▶ **等整个家具都漆好之后**，静置1小时待干。因为没有上很厚的漆，所以应该干得很快。

**7** ▶ **油漆干了之后**，用细颗粒的研磨海绵轻轻地磨砂整个家具，若发现有某些地方因为当初上漆速度放慢而导致漆料较厚，可以多磨一些。磨砂时不用太过用力。最后用纸抹布把磨砂的粉尘擦掉。

图 D

**8** ▶ **用白鬃刷涂覆上2～3层聚氨酯漆**，一层干了再上第二层，这样就大功告成了。

图 E

D ▶

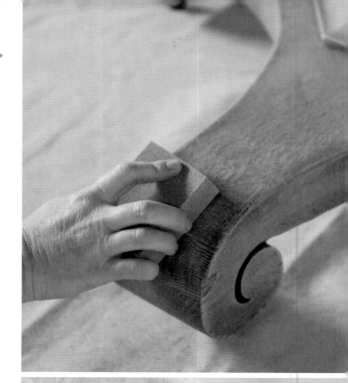

E ▶

# 多层上色
# LAYERING PAINT

在家具上涂刷多种颜色的油漆，能让你发挥无限的配色创意，让作品呈现不一样的美。多层上漆可以为家具增添一份深度，而这是单一颜色办不到的。这种技法的目的就是要营造出一种岁月感——我已经替这件家具上过很多次不同颜色的漆了，就是这种感觉！在你开始动工之前，先检查家具是否经过磨砂、清洁，确保可以进行上漆。

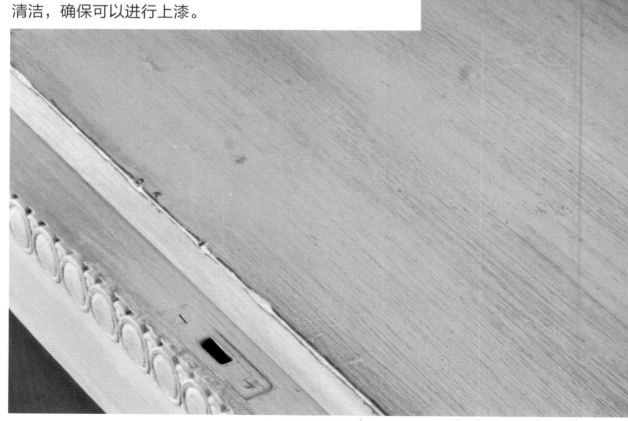

## 材料 /MATERIALS

· 油漆，一种作为底色，另一种作为上层的互补色（详见小秘诀）

· 油漆盘，每种颜色油漆各用一个

· 油漆刷，一支Purdy Nylox刷上底色用，再一支Purdy Nylox刷上互补色的顶层漆，面漆则使用Purdy白鬃刷（若使用着色剂或聚氨酯漆）

· 泡棉滚筒

· 细颗粒研磨海绵

· 超强吸力万用纸抹布

· 蜡、着色剂或聚氨酯漆

A ▶

B ▶

C ▶▶

D ▶

E ▶

**1** ▶ **把每种颜色的油漆都倒进各自的油漆盘中**，先将家具整体表面都刷上底色，细部的地方使用Nylox刷，平坦的大面积则用泡棉滚筒。在这里一定要注意，整个表面都要均匀、毫无遗漏地涂刷上色。

图 A

**2** ▶ **依照操作说明所指示的时间让油漆完全干燥**。我在这次示范中用的是一种叫黑板漆的油漆，它干得很快，大约在一小时内就可以再上第二层漆。

**3** ▶ **第一层漆干燥后就可以开始涂刷第二层**。如果你觉得第一层漆就够厚实，不需涂刷的话就可以直接上顶层漆。让第二层漆干燥，步骤同上。

**4** ▶ **等底色涂层完全干燥后**，现在就能开始上顶层漆了。当我们进行多层上漆的时候，要把面漆涂得比底漆轻薄一些，这样底漆的颜色才能透出来，而且也不需要磨砂掉厚厚的顶层漆来突显底漆的颜色。

图 B

**5** ▶ **让顶层漆完全干燥**，然后以细颗粒的研磨海绵磨砂表面，在这里你得使出一定的力道来磨砂。整体表面都要磨到，不过，边缘处或你想让底色透出来的部分是磨砂的重点。我之所以挑选这件特别的家具，就是为了让它的美丽曲线和装饰细节能充分带出这个技法的美妙之处。

图 C

**6** ▶ **磨砂过后**，用吸尘器去除表面的尘屑，然后拿纸抹布擦掉残余的尘屑。

**7** ▶ **至于最后的面漆**，我是用蜡刷蘸取无色蜡，将整体表面上蜡（详见P58）。如果你在这个技法中选用的是乳胶漆，你依然可以上蜡，或者用白鬃刷涂刷着色剂或聚氨酯漆当面漆都行。如果你选用着色剂，请记得刷涂时要戴上手套。我在这儿没戴手套是因为我使用的是无色蜡，但若你不希望手沾到蜡的话，也可以戴手套。

图 D

**8** ▶ **蜡在数分钟内就会干**，到时你就能用布进行抛光，将蜡油的美丽光泽打磨出来。

图 E

TIP
小秘诀 ▶ 在多层上漆的技巧中真的没有所谓限定的颜色组合，但我倒是有自己最爱的搭配，例如浅灰色和橘色、土耳其蓝和红色、黑色和红色、黑色和白色、浅蓝色和岩蓝色以及各种不同灰色的组合。至于哪种颜色要放哪一层，我个人认为，如果是相同色调的颜色就无所谓，但如果你挑的两种颜色色调完全不同的话，则将浅色放上层，深色放下层效果最好。至于这次的示范中我使用了两种颜色，而我最多可以成功堆叠四种颜色。

# 喷漆
# SPRAY PAINTING

　　喷漆很适合小物件的改造，例如镜子、边桌、凳子、椅子等。喷漆颜色齐全，只要使用得宜，就可以呈现出平滑的效果。我只用 Krylon 和 Montana Gold 牌的喷漆，Krylon 的喷罐有很厉害的扇形喷嘴，比起其他品牌喷漆，喷得更为均匀；而 Montana Gold 是无亮光面、色彩鲜明的喷漆，有各种不同的亮丽色彩可选。Krylon 喷漆在各大五金行、手艺材料店可以找得到，而 Montana Gold 喷漆在网络上或当地的美术用品店可以买到。

## 材料 /MATERIALS

· 细颗粒研磨海绵

· 防尘塑料布

· 绿色 Frogtape 胶带

· 防毒口罩（详见 P25）

· 护目镜

· Krylon 透明着色面漆

**TIP** ▶
小秘诀

喷漆的地点必须要空气流通，如果天气不错就到户外进行。喷漆很容易喷到范围外的地方，所以确保在事前已经把所有不想被喷到漆的地方盖好。可以使用防尘布或塑料布遮盖，这项保护作业一定要花时间做好。

喷漆含有很高的VOC（挥发性有机化合物），所以喷漆时一定要戴防毒口罩，避免肺部吸入有毒化学物质。我建议戴上护目镜，避免飘散在空气中的化学物质或有毒物质进入眼睛。

1 ▶ **为家具磨砂（详见P36）**，确保作业面干净无尘之后再开始喷漆。

图 A

2 ▶ **在作业区的地板上铺好防尘布**，用 Frogtape 胶带把不想被喷到的地方贴好。以这张小桌子来说，我把胶带贴在四个角，做出我心中想要的设计。不过，你也可以把轮子、桌、椅脚或家具的其他部分用胶带贴起来，只要是没打算要喷漆的地方都要用胶带遮好。

图 B

3 ▶ **戴上防毒口罩和护目镜。** 喷漆前要先用力摇晃喷罐，让里面的漆混合均匀，并且在喷漆的时候，每隔几分钟就要摇一下。

4 ▶ **开始喷漆，** 喷漆的重点在于手不要停下来！在家具以外的地方按下喷头，然后开始喷你要喷漆的地方，最后要停止喷漆时，也要在家具以外的地方放手，这样你的作品才不会产生不均匀的圆点效果。每道喷漆要长而均匀。在距离表面25～28cm处喷漆，这样才

图 C

不会造成某个特定的点喷漆过量，从而导致漆垂流下来。

5 ▶ **喷漆的时候最好是薄薄地多喷几层，** 而不要每层都喷很厚。有些喷漆只需要10～12分钟就会干，所以每层喷漆之间等待的时间都不会太久。

6 ▶ **当你对喷漆的效果感到满意之后，** 接下来就只要等它干就可以了。如果你使用胶带遮盖住某些地方，像我的这张桌子，现在就是该拆胶带的时候了。等整个家具完全干燥之后，再喷两层透明的Krylon漆作为面漆。上每层漆之前一定要确保上一层漆已经完全干透才行。

图 D

**注意：** 在这个改造范例之中，在上面漆之前我没有做任何磨砂、仿旧的动作。我想让这张桌子呈现出一种稳固、时尚的感觉。但你可以在上透明顶层漆之前完成磨砂的动作，达到你心目中理想的效果。

# 椅面绷布
# SEAT UPHOLSTERING

有时换一块新布料和一层漆就能大大改造旧家具。大型物件的绷布工程我一般会请专业的师傅做，但像椅面的这种小工程倒是很简单（我保证！），而且马上能让整个家具产生不同的氛围。各位先生、女士，把你的DIY之魂拿出来，该好好施展施展你的身手了！

## 材料 / MATERIALS

· 一字螺丝刀（拆螺丝和钉针用）

· 钳子

· 布料

· 剪刀（剪布用）

· 软垫

· 钉针（4mm）

· 钉枪

1 ▶ **把椅子翻过来，然后用一字螺丝刀把四个螺丝松开**，把椅板拆掉。螺丝要收好，因为最后还是要锁回去的！

图 A

2 ▶ **拆掉椅板原本的布料和垫子**。有时你也可能遇到绷了好几层布的垫子，总之，这些全部都要拆掉。用一字螺丝刀拆掉布料上的钉针。一般来说只要把螺丝刀伸进钉针下方，顶起后就能轻松拆除，但若遇上钉得很死的钉针，就得用钳子来拔除了。

图 B

3 ▶ **如果之前的布料状态还不错，就可以以它为依据来打版**，这是最简单的方法。但如果布料已经不能使用，那就要将已经拆除布料的椅板反面朝上放在新布料上，用剪刀裁剪新布料。剪的时候记得要留下比椅板多5~8cm的空间，这样在绷布的时候，才有足够的布料可以包覆。

图 C

4 ▶ **如果原本椅子的软垫已经不堪使用**，或者你想再多加一层，就需要裁剪新的软垫。软垫的大小应该跟椅板一样大，如果比椅板还大的话，完成之后可能会产生隆起，从而导致坐时不舒服。

5 ▶ **把椅板反面朝上放在布料上**，确定布花位置正确之后，就可以开始钉了。举例来说，我选的布料是扎染的图案，我想把图案最大的部分放在椅面的正中间。

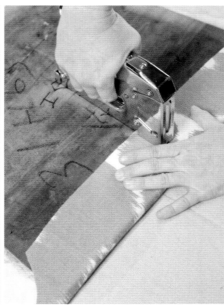

**6** ▶ **用布料前端包住椅板并往下折**，然后直接在折下来的布料中间钉一枪，接着用布料尾端包住椅板往上折，然后也直接在中间钉一枪。这两针就像船锚一样，会在你绷布的过程中帮你固定住整块布料。

图 D

**7** ▶ **接着围着椅子周边钉针**，轻轻拉住布料以每针相隔约2.5cm的距离钉针。注意不要拉得太用力，以免布花扭曲、布料绷得过紧。最好每钉几针就翻回正面看一下有没有出什么差错。

**8** ▶ **钉到角落的时候**，要稍微修剪多余的布料，以免造成隆起。用食指把角落的布推进去，然后将两边的布折好。角落的钉针要落在椅板边缘退后约1.2cm的位置。这样才不会在组合椅子的时候使接合处产生隆起。

图 E

**9** ▶ **修剪过多的布料**。目标是要让整个椅垫线条尽可能保持笔直的状态，所以要用心修剪！

**10** ▶ **把椅板放回原本的位置**，锁上螺丝。

# 抽屉内装
# LINING DRAWERS

细节很重要！我所有改造的家具都会用内衬纸做抽屉内装，因为我认为这是不容忽视的细节，且能让作品更加精致。粘了内衬纸的抽屉不但成为整个设计的一部分，更让开抽屉这件事情变成一个惊喜，而且也能让抽屉里的东西乖乖躺在干净、清新的空间里。

## 材料 /MATERIALS

· 吸尘器

· 木材清洁剂

· 超强吸力万用纸抹布

· 壁纸或包装纸

· 尺子

· 剪纸剪刀

· 美工刀

· 双面泡棉胶带

**TIP** 小秘诀 ▶ 当我想将纸和家具融合成设计的一部分，我就会用壁纸专用胶将内衬纸永久贴在上面。假如我想使用装饰用纸，我会把蝶古巴特拼贴胶和 Benjamin Moore 的 Benwood Stays 透明聚氨酯漆涂在纸上，以增加它的耐用性。

**1** ▶ **用吸尘器把所有的抽屉吸干净**，吸去那些陈积已久的灰尘。接下来用木材清洁剂和一张湿的纸抹布把抽屉里面擦干净。注意不要让木头吸入过多水分，要快点擦拭。

**2** ▶ **把纸卷放在抽屉旁**，拉开纸卷，在抽屉上方展开装饰用纸，接着用尺子测量所需的长宽，用这样的方式测量是最简单的。

**3** ▶ **用剪刀依照抽屉外围尺寸剪去多余的纸**，这样会在你贴的时候多留下一点纸，但这就是我们要的状态。

**4** ▶ **把剪好的纸放进抽屉里**，把未裁剪的直角边对齐抽屉底板前方的角，这就是我们裁剪的依据。摆好之后，用手把纸顺开，把三个边往另外三个角挤过去。

**5** ▶ **把尺子紧靠着抽屉边**，但要留一点点空间让美工刀过。裁切的时候一定要把刀片靠在尺子的右边，之所以要这样是为了确保每次下刀都能笔直平顺，沿着尺子的硬边下刀就对了。

**6** ▶ **将纸张裁切得与抽屉底板完美契合之后**，剪出4块双面泡棉胶带放在底板的四个角，用力把纸跟胶带压紧，确保纸张牢牢地粘住。

# 改造前后
## BEFORE & AFTER
## MAKEOVERS

　　将一件破旧、被丢弃的物品改造得美丽又具吸引力总是令我精神振奋，也让我乐在其中！我最享受通过创造性地运用磨砂、上漆等技巧，带给家具和周遭环境那种新鲜、有活力的感觉。以下的30件家具都是我在我的工作室改造完成的，希望能带给你不同的灵感与启发。我已详细注明每件家具所利用的技法，方便你在家就能复制出同样的风格，好好享受吧！

# 艾蓓莉亚 ABELIA

　　这件家具是我从一位本地的古董商那里买来的，我当时就爱上了它的存在感和美丽的细部雕纹。有着像这种细部雕纹的物件越来越难得手，因此只要被我找到，就一定把它带回家。这件家具让我联想到一个温柔的巨人，只要帮它添上一点颜色就能马上恢复生气。

改造前 BEFORE

1 ▸ 上漆之前先进行磨砂，然后将所有松脱的木皮清除干净。（详见P36磨砂）

2 ▸ 撕下扭曲翘起的背板，换上新的橡木胶合背板。

3 ▸ 用牛奶漆涂刷整件家具。（详见P72牛奶漆）

# 洛蒂 LOTTIE

　　我是在Salvation Army（救世军慈善义卖）买到这件家具的，买下这位"可爱女士"的理由之一就在于它平坦的抽屉前板，这些前板很适合上漆或粘贴装饰纸的多变设计。不管是哪种曲线设计我都喜欢，所以这件家具的底部曲线彻底赢得了我的心。

改造前 BEFORE

**1** ▶ 填补老旧的五金洞孔，然后钻上新的孔
　　　（详见P40木器填补）

**2** ▶ 安装上骨材把手。

**3** ▶ 利用色块技法，在家具抽屉的前板增添
　　　色阶的设计变化。（详见P92色块）

**4** ▶ 用泡棉滚筒上漆，呈现滑顺的面漆。（详
　　　见P52上漆）

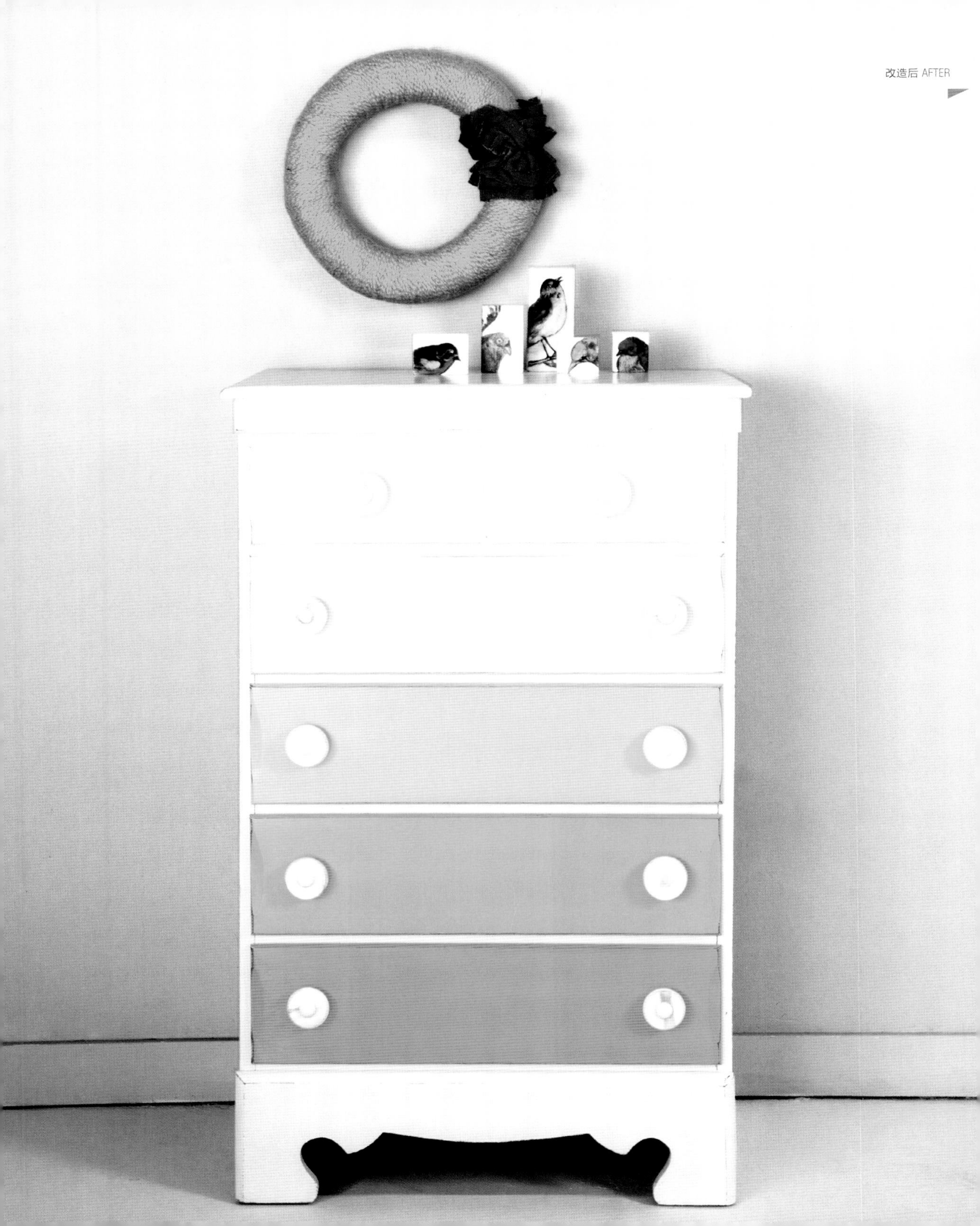

# 艾达 ADA

　　我超爱这块床头板的曲线，还有那块突出的、如同独特装饰般的小小床尾板。原本因为床头板上头有块内嵌装饰板，让我打算要帮这件家具贴上壁纸，如此一来就能简单地让床头板和床尾板互相呼应。但在改造途中我改变了主意，决定改用油漆和蜡来进行改造。

改造前 BEFORE

1 ▸ 以泡棉滚筒涂刷上土耳其蓝的油漆。（详见 P52 上漆）

2 ▸ 以蜡刷涂刷棕色的蜡。（详见 P58 上蜡）

3 ▸ 用研磨海绵磨砂干燥的上蜡表面，让表面更加平滑。

4 ▸ 用碎布抛光、擦亮漆面，让表面更有光泽。

# 普伦缇斯 PRENTICE

这件大型衣柜是我父母的，不过，因为现今都用容量更大的整体衣柜了，所以大型衣柜已经不太用得到了。我母亲想要把这件家具拿来当储藏柜用，放在她新盖好的漂亮日光室。她最喜欢的颜色组合是黄色和红色，所以我挑了芥末黄来进行改造。听我的，芥末黄绝对错不了！

改造前 BEFORE

1▸ 重新安装门上松脱的内嵌装饰面板。安装时需要拔除很多支钉子，这样门板才能再次卡回原本的沟槽中。我用木器胶把它重新粘好，并用木螺丝另外做补强。

2▸ 把裂掉的门板进行上胶夹紧，粘回去。（详见 P43 上胶夹紧）

3▸ 刷上牛奶漆。（详见 P72 牛奶漆）

4▸ 安装上在 Hobby Lobby 买到的红色玻璃花型把手。

# 魔镜啊！魔镜！MIRROR! MIRROR!

　　我发现如果移走斗柜的镜子，把斗柜单独拿来卖的话会更好卖！也因为如此，最后我就剩下很多镜子孤儿。我决定把它们改造成系列作品，因为不同风格和颜色的镜子摆在一起，会营造出一种强烈的艺术氛围。事实上，这些特别的镜子都各有其美丽的细节，改造过程非常有趣。

改造前 BEFORE

## 1 ▶ 芥末黄的镜子
先将连接在上面的木框移除，然后以木器填补剂填补两侧的洞。

拿Purdy Nylox 油漆刷涂刷牛奶漆。（详见P72牛奶漆）

将所有松脱的碎屑磨砂掉。

刷上透明的蜡作为面漆。

## 2 ▶ 灰色的镜子
轻轻地磨砂，准备前置作业。（详见P36磨砂）

以Purdy Nylox 油漆刷涂刷灰色的乳胶漆。

磨砂制作仿旧效果。

涂刷棕色的蜡作为面漆。

## 3 ▶ 绿色的镜子
将镜子后方长形的连接部分移除，如此一来镜子底部就能呈现出好看的直线。

以木器填补剂将孔洞填补起来。（详见P40木器填补）

涂刷上Knack（这是由我调配、并以它涂刷的第一个作品来命名的颜色，名字为爱丝蜜绿）客制的绿色乳胶漆。（详见P52上漆）

轻轻地磨砂表面，并涂上棕色的蜡作为面漆。（详见P36磨砂、P58上蜡）

## 4 ▶ 蓝绿色的镜子
以木器填补剂将两侧的洞填补起来。（详见P40木器填补）

以Purdy Nylox 油漆刷涂刷上土耳其蓝的乳胶漆。（详见P52上漆）

磨砂表面，并涂上棕色的蜡作为面漆。（详见P58上蜡）

安装上可悬挂的五金零件。

# 卡尔维娜 CALVINA

这件家具是我从一位本地的古董商那儿买来的，而他那时刚买下一场遗物拍卖会的所有权。我在找其他物件的时候，他拉出这张咖啡桌问我："这张桌子如何？"我一般对现代风的家具没兴趣，第一眼看到的时候也不怎么喜欢，但后来我的眼睛再也离不开它了，因为我的心中已经勾勒出了能让它耳目一新的改造计划。

改造前 BEFORE

1▸ 将桌子上面的托盘架移走，因为我想要有干净简洁的线条。

2▸ 以木器填补剂将钻洞填补起来。（详见P42 木器填补）

3▸ 将每个三角形的部分进行测量，贴上遮蔽胶带后进行上漆（详见P96 漆上线条）

4▸ 涂刷水性的聚氨酯漆。

5▸ 轻轻磨砂，将丹麦木工油涂在桌脚和抽屉上，以保护、美化天然木材。

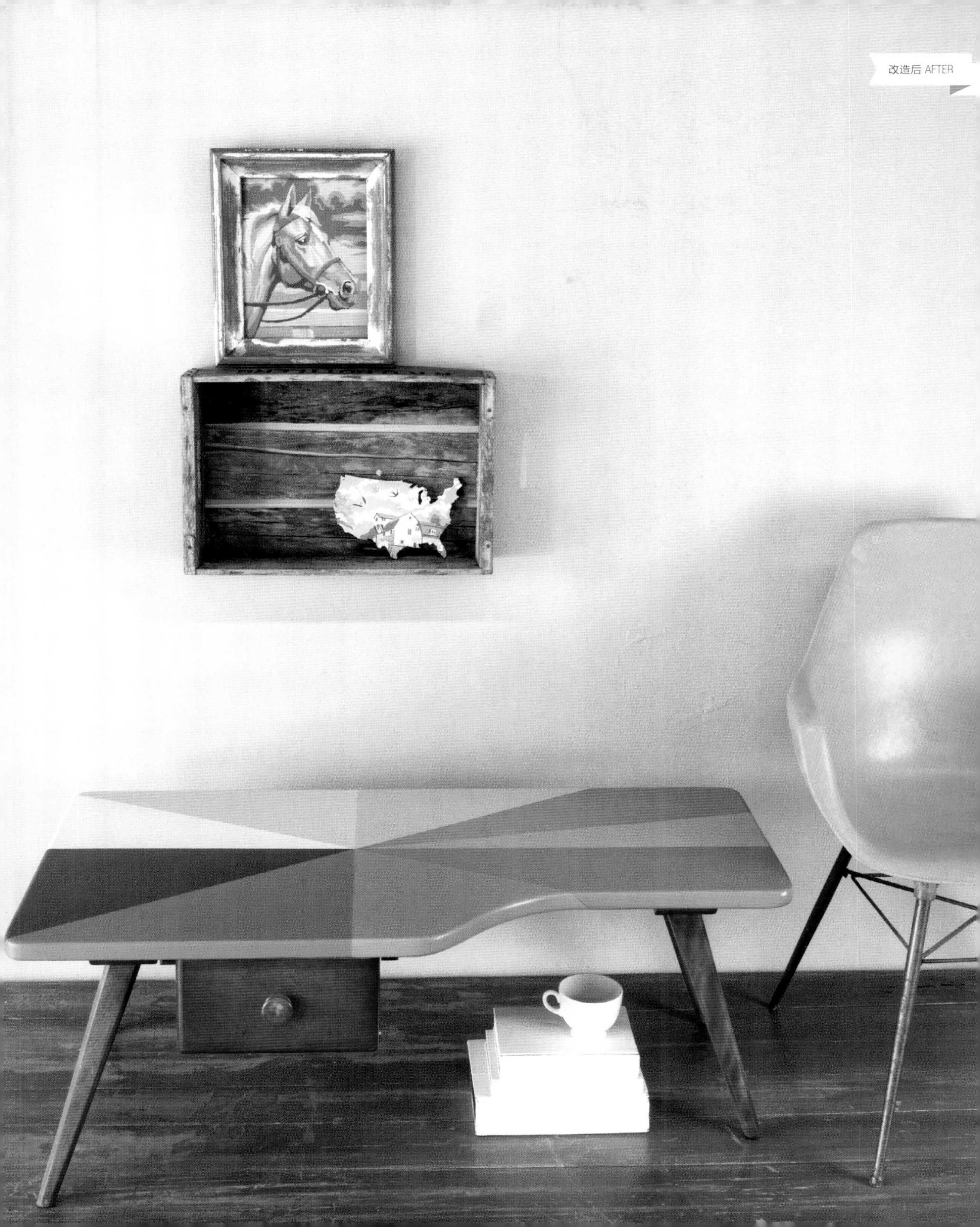

# 穆里尔 MURIEL

这件家具是在Salvation Army（救世军慈善义卖）跟着同款的斗柜（详见P166）一起买的。我很喜欢它的桌脚，而且它除了一些小刮伤和桌面上的水痕以外，整体状况非常好，能够找到这样一件不需任何整修就能立刻上漆改造的家具真是太棒了。

改造前 BEFORE

1 ▸ 将木材桌脚涂上丹麦木工油以恢复亮丽光泽。

2 ▸ 运用蝶古巴特技巧用手工纸来装饰抽屉。（详见 P88 蝶古巴特）

3 ▸ 在纸面上涂刷聚氨酯漆。（详见 P48 聚氨酯漆）

4 ▸ 给家具整体（桌脚除外）涂刷上土耳其蓝的着色剂。（详见 P56 着色剂）

# 弗雷德丽卡 FREDERICA

　　我是这种派皮小边桌的疯狂爱好者。之所以被称为派皮桌，是因为它们边缘这圈略微高起、类似手捏的曲线看起来就像是家里烤出来的派皮！此外，这件家具还有布满沟槽的桌脚、波浪状的桌缘和三足脚座，这些通通都是能拿来发挥创意的地方。你可以借由上漆将这些独特的细节表现得更加出色。我总是在找这种物件，而且它们其实还蛮容易找的！

改造前 BEFORE

1 ▸ 用泡棉滚筒将黑板漆涂刷在桌面上，创造出平滑、好书写的桌面。（详见 P52 上漆）

2 ▸ 以 Purdy Nylox 刷涂刷上牛奶漆。（详见 P72 牛奶漆）

3 ▸ 以细颗粒的研磨海绵轻轻磨砂以仿旧，并去除松脱的漆面。

4 ▸ 最后只需将底座刷上透明的蜡作为面漆。（请勿在桌面的黑板漆上涂刷任何面漆，否则你的桌面就不能当黑板使用了！）（详见 P58 上蜡）

# 朱尔斯 JULES

有一天，一位经常造访我工作室的朋友给了我这件可爱的小宝物。刚开始我不喜欢它的海滩风格，也没想过要对它进行什么改造，不过我讨厌把任何东西丢掉，于是就将它放在架子上。过一阵子，我突然有了改造它的灵感，而它现在已经成为我最喜欢的家具之一了！对于像这样的小物件，我喜欢在它上面增添一些有趣的细节，让它变得独一无二，而这种时候，有图案的装饰纸就是最适合的材料。

改造前 BEFORE

1 ▶ 运用蝶古巴特技巧将喜欢的纸贴上去。（详见 P88 蝶古巴特）我喜欢这张纸是因为它有亮丽的花朵和可爱的小鸟图案，而这张特别的纸其实是张包装纸，购于 Paper Source。

2 ▶ 用小支的笔刷涂上乳胶漆（小支的刷具最适合用于这种小物件），再以细颗粒的研磨海绵轻轻磨砂，使平面光滑。

3 ▶ 将整体表面都涂刷上聚氨酯漆。（详见 P48 聚氨酯漆）

# 迷路的男孩们 THE LOST BOYS

　　某天我在外头寻宝时发现了这组桌凳，由于本人特爱系列性作品，所以二话不说就把它们全买回家了。它们的状态并不糟，只是外形不吸引我。我决定将它们分别改造成芥末黄、草绿、浅蓝、荧光红的颜色。

改造前 BEFORE

1▸ 利用胶带给绿色桌子的桌面贴上图案。（详见 P96 漆上线条）

2▸ 每个物件都用喷漆的方式喷上亮丽的色彩。（详见 P112 喷漆）

3▸ 最后喷上一层透明的 Krylon 漆作为面漆。（详见 P112 喷漆）

# 牛奶商 MILK MEN

　　玻璃瓶是随手可得的素材，我喜欢把鲜花插在里面，不管是未处理的玻璃瓶还是上过漆的玻璃瓶都很不错。漆上白色平光油漆的瓶子看起来宛如美丽洁白的陶制品。把看似再普通不过的瓶子稍加改造就能赋予它们全新的生命，而且不管摆在哪里都有画龙点睛的作用。

1 ▸ 用温的肥皂水清洗瓶子，并将之晾至完全干燥。

2 ▸ 用平光白色喷漆均匀上色，不要喷过量。（详见 P112 喷漆）

改造前 BEFORE

改造后 AFTER

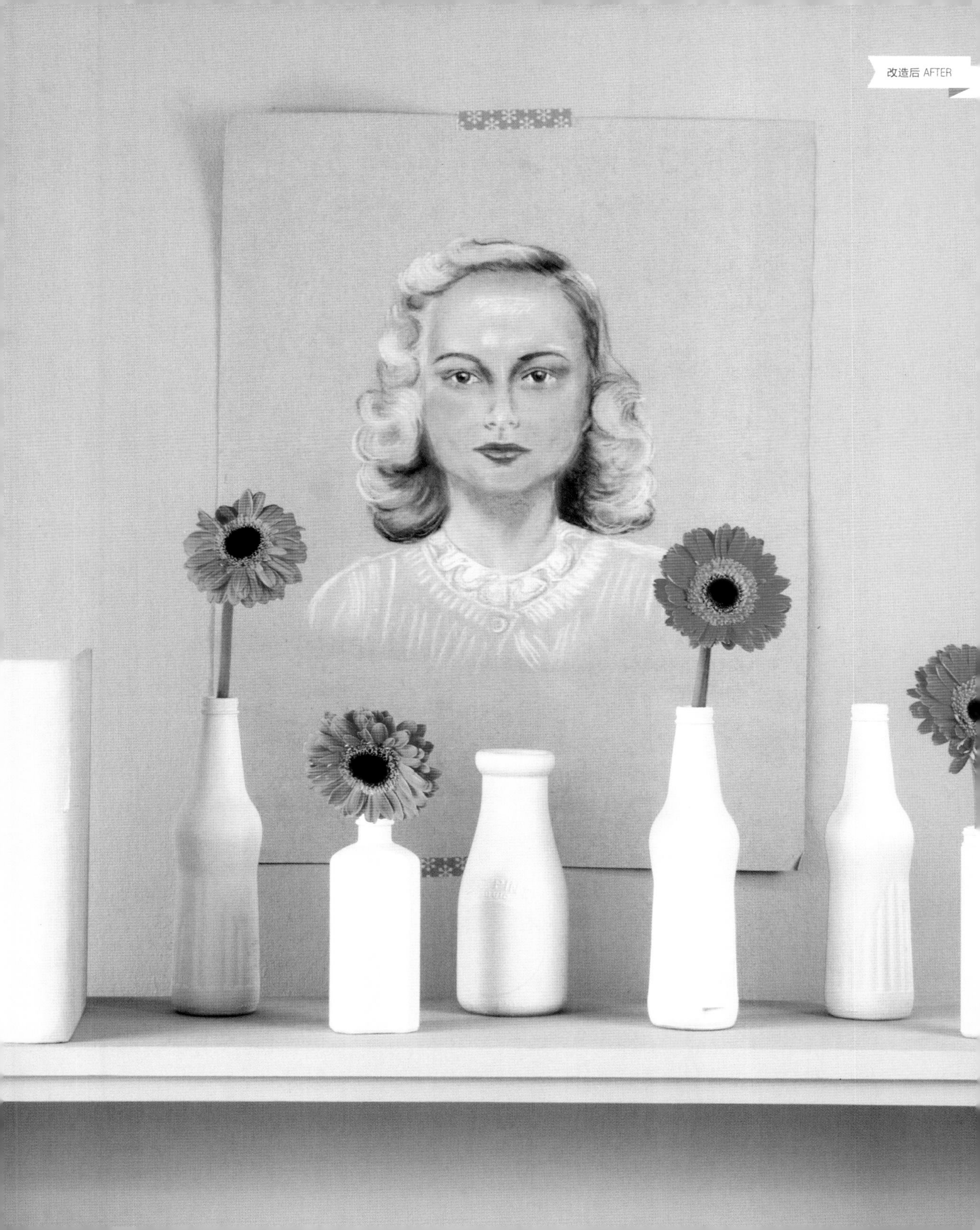

# 阿缇米斯 ARTEMIS

　　这个橡木斗柜是我替客户（同时也是我的好友）改造的单品。这个柜子本来就在她家，只是需要一点改造，增加一点独特性，好让整个房间能够为之一亮。我们一同构思设计，最后是从同一个房间里面的靠枕上获得了灵感。这些靠枕的颜色很传统，有棕色、灰色、芥末黄、红色等，布花则是颇具现代感的模板印花。以同一空间的抱枕、布料来作为设计灵感的好处是能让你改造的家具与空间更加融为一体。

改造前 BEFORE

1 ▸ 先拆除斗柜原本的底板，换上请人客制的底板，然后再装上从 Home Depot（家得宝）买来的轮子。

2 ▸ 留下一个原本的抽屉当作原始效果。有时我喜欢留下一些原本的细节当作设计的一部分，这样更有一种原始的感觉。

3 ▸ 用细颗粒的研磨海绵将整个家具磨砂，并做出仿旧的感觉。

4 ▸ 涂上乳胶漆和着色剂。（详见 P52 上漆、P56 着色剂）

# 布兰琪 BLANCHE

这个柜子是我从一个二手商那里淘来的，柜子原本的状态真是太糟糕了，但我下定决心要挑战它。不管你信不信，书柜是很难改造的物件，而我知道我一定要成功改造它才行。柜子原本涂刷的是很厚的亮光漆，东一块西一块抹遍整个家具，还加上手指画的效果，非常糟糕！

改造前 BEFORE

1 ▶ 用轨道式砂磨机花一个半小时磨去厚厚的亮光漆，让表面变得光滑。（详见 P36 磨砂）

2 ▶ 以吸尘器吸掉表面的粉尘，再用干净的抹布擦过。

3 ▶ 用泡棉滚筒漆上乳胶漆以达到平滑的效果。（详见 P52 上漆）

4 ▶ 涂刷上水性聚氨酯漆作为面漆。（详见 P48 聚氨酯漆）

改造后 AFTER

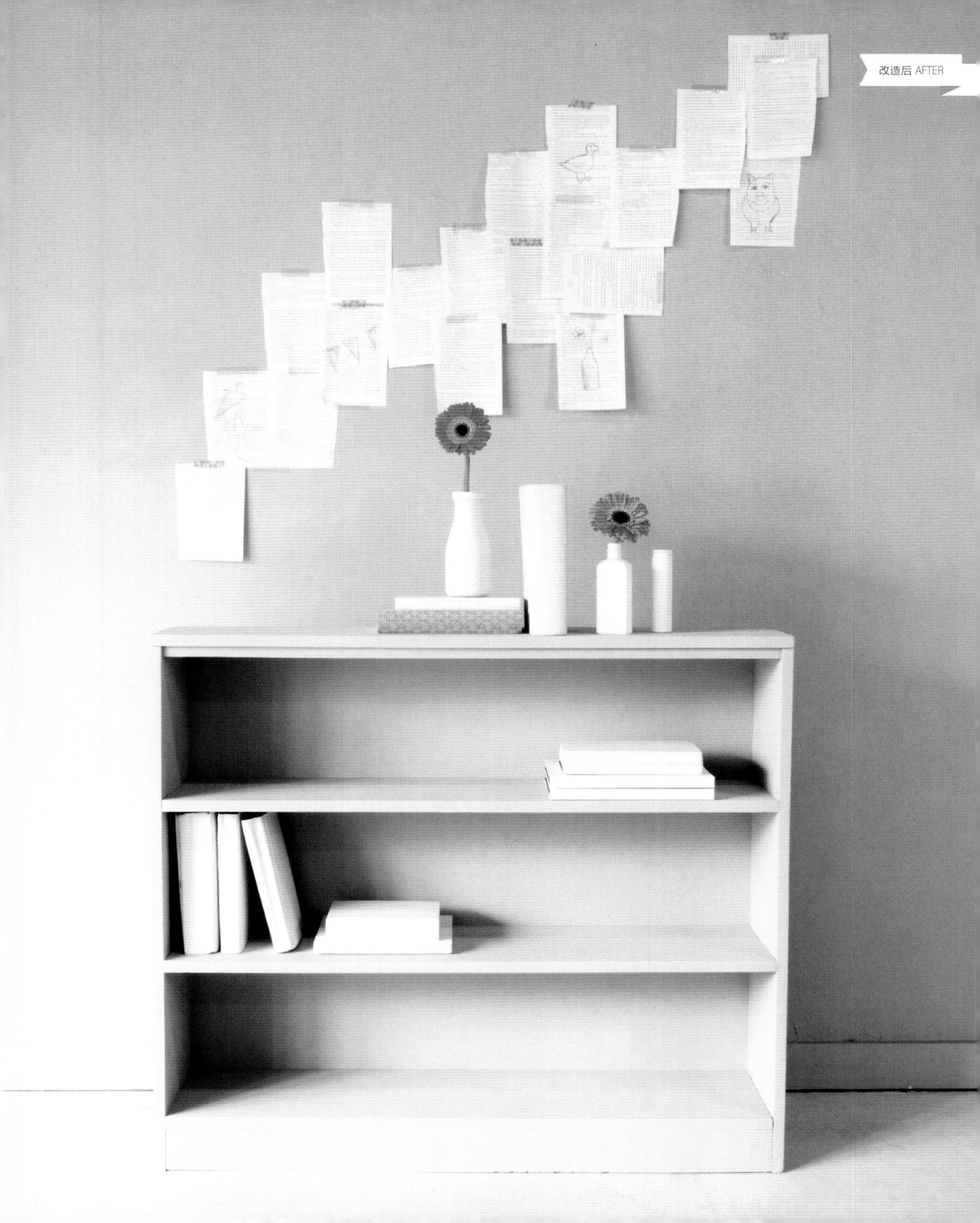

# 字母 LETTERS

朋友莉莉在百货公司正好撞见好几车红色、黄色的字母Logo因为店铺重新装潢的关系被人丢弃。她知道我一定很喜欢它们，所以就把这些字母装上车送到我的工作室来了。第一眼看到它们，我脑中只闪过番茄酱和芥末酱，不过粘上纸后就很不一样了。如果你手边刚好没有一整车的字母，你也可以在当地的手工材料行买到木质或纸质的字母。

改造前 *BEFORE*

1 ▶ 把字母放在纸上并置于裁切垫上，用圆刀沿着字母线条裁切。

2 ▶ 用拼贴胶把裁好的纸贴上字母。（详见 P88 蝶古巴特）

3 ▶ 用细颗粒的研磨海绵轻轻磨砂，去除残留在边沿的纸。

4 ▶ 涂刷上聚氨酯漆作为面漆。（详见 P48 聚氨酯漆）

# 自行车 PETALIA

当我在本地的古董商那儿看见这张稳重的长桌时，它的状态非常好，平坦的桌面和桌脚的曲线也让我对它一见钟情。我知道这张桌子很适合搭配一个设计主题。这张桌子很适合拿来当餐桌，放在一般家庭的餐厅里都很搭，当然，也可以当作一张很棒的书桌来使用。

改造前 BEFORE

1 ▶ 描出自行车的图案。（详见 P84 投影机）

2 ▶ 用研磨海绵轻轻磨砂。

3 ▶ 用灰色缎面乳胶面漆把自行车的图案涂满。

4 ▶ 涂刷上聚氨酯漆当作面漆，不仅保护桌子，同时增加桌面的耐用性。（详见 P48 聚氨酯漆）。

# 小李与卡伯特 LEE & CABOT

这两个柜子本来是某张书桌的一部分。当我在古董商那边看到它们的时候，就已经成了分开的两个个体，而之所以知道是因为它们身上都留下了被拆解时的伤痕，处于急需被关怀的状态。两个柜子的侧板因为被拆解的原因问题很多，都需要修缮，但倒不是那种会影响整个结构的大问题，只是有些孔洞、裂缝需要填补和打磨。我喜欢它们那有棱有角的外观和平坦的表面，让我等不及想在上面做蝶古巴特的效果。

改造前 BEFORE

1 ▶ 把孔洞、裂缝用木器填补剂补起来。（详见 P40 木器填补）

2 ▶ 把有图案的纸剪成适当大小，用拼贴胶把它们全部贴满整个柜子。（详见 P88 蝶古巴特）

3 ▶ 涂上聚氨酯漆当作面漆。（详见 P48 聚氨酯漆）

4 ▶ 装上木把手，因为它们让我想起了帆船。

# 尤朵拉 EUDORA

　　这个厚实又矮矮胖胖的柜子不仅有旋木椅脚，门板上还有摆明一副就是要让你添加细节的内嵌设计，更别说它那优美的线条，就是想要你把它改造成充满女性韵味的作品。当我带它进家门时，发现柜子里被小朋友贴了一大堆的贴纸，而且门板因为缺了零件一直关不起来，但我始终知道，它有变身成大师级作品的潜力。

改造前 BEFORE

1 ▸ 用泡棉滚筒把整个家具涂上乳胶漆。
　　（详见 P52 上漆）

2 ▸ 在门板内嵌上贴上金箔，桌面上也用金箔贴出一道条纹的图案。（详见 P68 贴箔）

3 ▸ 涂刷上 Minwax 胡桃色着色剂。（详见 P56 着色剂）

4 ▸ 装上有金漆细节的玻璃把手。这个柜子不需要多钻任何新孔。

# 莎曼 SELMA

　　天啊！这把椅子的布料实在太糟了！不过这把椅子的木头细节未免也太别致了吧？我知道重新给它绷布其实很简单，所以马上就明白这把椅子的潜力了。它不但是把坚固耐用的椅子，而且只要稍加改造，就能变身成为一个永恒的经典之作。

改造前 BEFORE

1 ▸ 重新为椅面绷布，换上在 Tony's Fabric 买的纯棉布料。

2 ▸ 用 Purdy Nylox 油漆刷漆上土耳其蓝的乳胶漆。（详见 P52 上漆）

3 ▸ 涂上棕色的蜡作为面漆。（详见 P58 上蜡）

4 ▸ 为固定椅垫的大头钉上漆。我不喜欢它原本铜色的样子，而且我想要让钉子在布料上有更柔和的呈现，所以我把它们漆上土耳其蓝，呼应整张椅子的颜色。

# 谢尔曼 SHERMAN

　　某天，朋友传了图片短信过来，跟我说她要把这件家具丢掉，我看了之后决定要亲自去会会它。对于它身上那些俗到不行的五金，我都当自己没看到，这样我才能把焦点放在它的本质上。这是件稳重、深沉的家具，而且还是个很值得玩味的柜子。我很难将这种面临被丢弃命运的家具拒之千里之外，因为我总觉得它们能否获得第二次机会全都靠我了，而我也决心要把它们改造成美丽的物件。

改造前 BEFORE

1 ▸ 拆除所有的五金，并且把原本握把的洞补起来。（详见 P40 木器填补）

2 ▸ 把内嵌的书桌用胶带做遮蔽，并以喷漆的方式上漆，让打开书桌变成一个惊喜。（详见 P112 喷漆）我相信多费心做些细节，更能创造出精彩且有趣的作品。我最喜欢看到人们打开这书桌的表情，而书桌明亮的用色就像在跟你 say hello！

3 ▸ 在柜子正面以及侧面贴上胶带并漆上线条效果。（详见 P96 漆上线条）

4 ▸ 装上在 Hobby Lobby 买的结绳把手。

# 弗萝拉 FLORA

第一眼见到这把椅子，我就被它曼妙的身姿给吸引了。我喜欢椅背中间纺锤形状的设计，也非常喜爱那饶富曲线的扶手。我完全可以想象自己坐在上面待在房间的某个角落看书，或是在开放式餐厅的餐桌前舒服地坐在上面的模样。

改造前 BEFORE

1 ▸ 用灰白相间的扎染图案布料重新给椅面绷布。（详见 P114 椅面绷布）

2 ▸ 用乳胶漆帮整张椅子上漆。

3 ▸ 用手做出非常仿古的感觉。

4 ▸ 涂上透明的蜡作为面漆。（详见 P58 上蜡）

# 米娜瓦 MINERVA

这张桌子那又大又圆的脚座征服了我。不过，桌面的状况不太好，也有几处清漆剥落，显得坑坑洼洼，但我知道只要好好磨砂过后，再进行点细部作业，它就又会恢复成一张美丽、坚固的桌子。

改造前 BEFORE

1 ▶ 用轨道式砂磨机搭配细颗粒砂磨盘把桌子整个表面磨砂，直到呈现出光滑平顺的状态。（详见 P36 磨砂）

2 ▶ 用干刷技巧上色。（详见 P104 干刷）

3 ▶ 涂上透明的蜡作为面漆。（详见 P58 上蜡）

4 ▶ 用手磨砂细节。所有的涂料都漆上去之后，我会远远地注视完工的表面状态，然后再回去用手磨砂，把想呈现出来的细节磨出来。这个步骤常常容易被人忽略，但却是让作品更精致的关键步骤。

# 玛蒂达 MATILDA

当我第一次见到她时，她身处某间古董店的角落，底下还叠了几样家具。老实说，初次见面我觉得她还满呆板的，但是我喜欢这种干净、充满现代感的线条，所以决定放手一搏。她就像张白纸，但充满各种可能性的白纸总是让整个过程变得非常有意思。

改造前 BEFORE

1 ▶ 用泡棉滚筒均匀漆上白漆。（详见 P52 上漆）

2 ▶ 我没有做任何仿古的效果，因为希望让它呈现出干净、平顺、现代的感觉。

3 ▶ 用拼贴胶把纸贴在抽屉前板上。（详见 P88 蝶古巴特）

4 ▶ 最后涂刷上聚氨酯漆当作面漆，同时提供一层保护。（详见 P48 聚氨酯漆）

5 ▶ 安装新把手。

# 阿玛贝尔 AMABEL

　　这个斗柜原本就已经够漂亮、够有现代感了，除了最上面有些刮伤和水渍之外，其他看起来都还好。但当我更进一步检查的时候，才发现这些抽屉几乎都不能完全拉开。一想到买回去可能还得帮抽屉重新磨砂、上蜡，本来已经打算转身走人的，但我怀疑这很可能是抽屉再放回去的时候放错格了，毕竟这种情形在古董店很常见，所以我试着把它们重新放回对的地方，看看跟我猜想的是否一样。果不其然，抽屉马上正常工作了，于是我就把它带回家改造了。

改造前 BEFORE

1 ▸ 把贴图利用反转的技巧贴在柜子侧面和上面。（详见 P76 转印贴图）

2 ▸ 用泡棉滚筒漆上乳胶漆，以达到超级平滑的触感。（详见 P52 上漆）

3 ▸ 涂刷上聚氨酯漆作为面漆。（详见 P48 聚氨酯漆）

4 ▸ 把原本的柜脚擦上丹麦木工油，让它们焕然一新。（详见 P62 丹麦木工油）

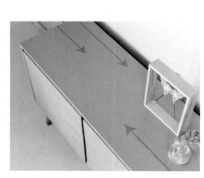

改造后 AFTER

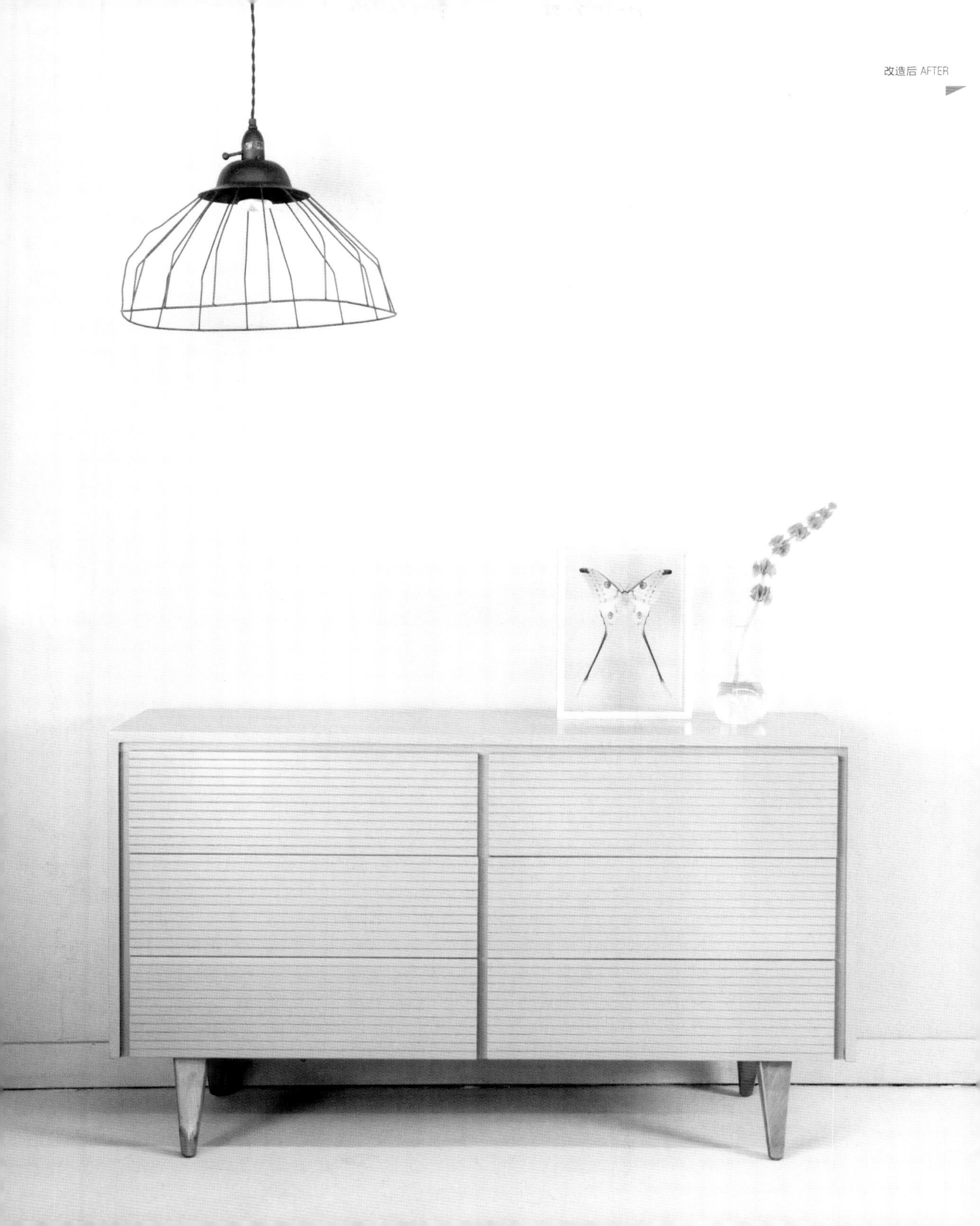

# 郊狼 COYETTE

我喜欢这种古老的厚板四方桌，它们不仅坚固，有着质朴的乡村氛围，而且跟任何风格都很搭。这张桌子的旋木椅脚吸引了我的目光，让我想在它们身上做出浸染效果。

改造前 BEFORE

1 ▸ 脱去椅脚上的清漆。（详见 P32 脱漆）

2 ▸ 浸染椅脚。（详见 P100 浸染效果）

3 ▸ 用手磨砂，做仿古效果。

4 ▸ 涂上聚氨酯漆作为面漆，并提供一层保护。（详见 P48 聚氨酯漆）

# 爱玛琳 EMMALINE

　　我父亲从纽约上城带了这个柜子给我。它是车库拍卖会的物件之一，但拍卖会的女士免费把这柜子送给了我父亲，因为它就要四分五裂了。为了不让整个柜子散落开来，它当时是以一种被人五花大绑的状态抵达我的工作室的。柜子本身所需要的修缮远超过我能处理的范围，所以我做了我能做的，就是把所有松脱的木头、螺丝、钉子全部卸下来，然后送去给我的朋友——专业的修缮专家泰瑞那里。这些维修的工夫到头来都是值得的。我之所以觉得这样做是值得的有好几个原因，但最重要的原因当然是它本来就是免费得来的，所以我愿意支付这笔修缮的费用。而像这种家具通常都会是非常精彩的话题作品。

改造前 BEFORE

1 ▸ 卸下所有钉子和被人胡乱钉上的木片。

2 ▸ 用轨道式砂磨机在平面上磨砂，再用细颗粒研磨海绵磨砂所有的雕刻、沟槽等细节部分。（详见 P36 磨砂）

3 ▸ 用油漆刷和泡棉滚筒漆上乳胶漆。（详见 P52 上漆）

4 ▸ 涂上着色剂。（详见 P56 着色剂）

5 ▸ 装上从 Anthropologie 买来的超大玻璃把手。

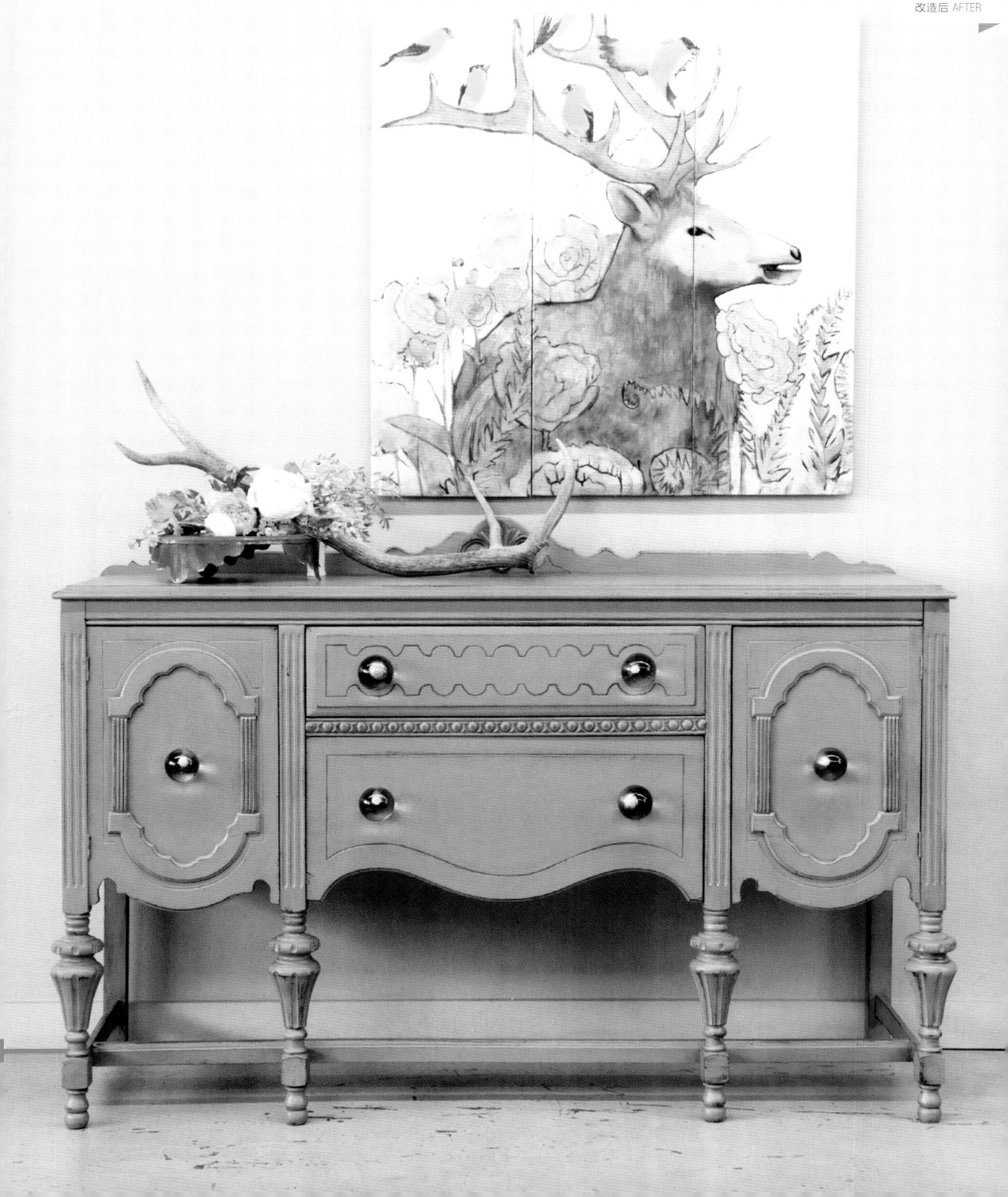

# 法斯塔 FAUSTA

　　这件家具可以说是意外的惊喜。那位将它带给我的女士虽然觉得它很漂亮，但却完全用不到，而且外观也不对她的胃口。我马上开心地接纳了它，因为它真的好美。它不仅有漂亮的柜脚，而且我也从没看过顶层抽屉的那种样式。这张改造前的图片其实不太可信，因为表面上看起来好好的，但你只要轻轻一摸，整个柜子都会前后晃动。因此，我把它带到我的朋友泰瑞那做结构性修复，然后我再着手进行设计。如果一件家具需要做全面性修复的时候（不只是上胶夹紧的作业），我会将它带去给有经验的木匠，这样我才对自己作品背后的修复成果有信心。

改造前 BEFORE

1 ▸ 把所有的接合处拆开，并重新上胶。（详见 P43 上胶夹紧）

2 ▸ 涂刷牛奶漆。（详见 P72 牛奶漆）

3 ▸ 涂刷上油性的聚氨酯漆。（详见 P48 聚氨酯漆）

4 ▸ 将原本的五金做浸染效果。（详见 P100 浸染效果）

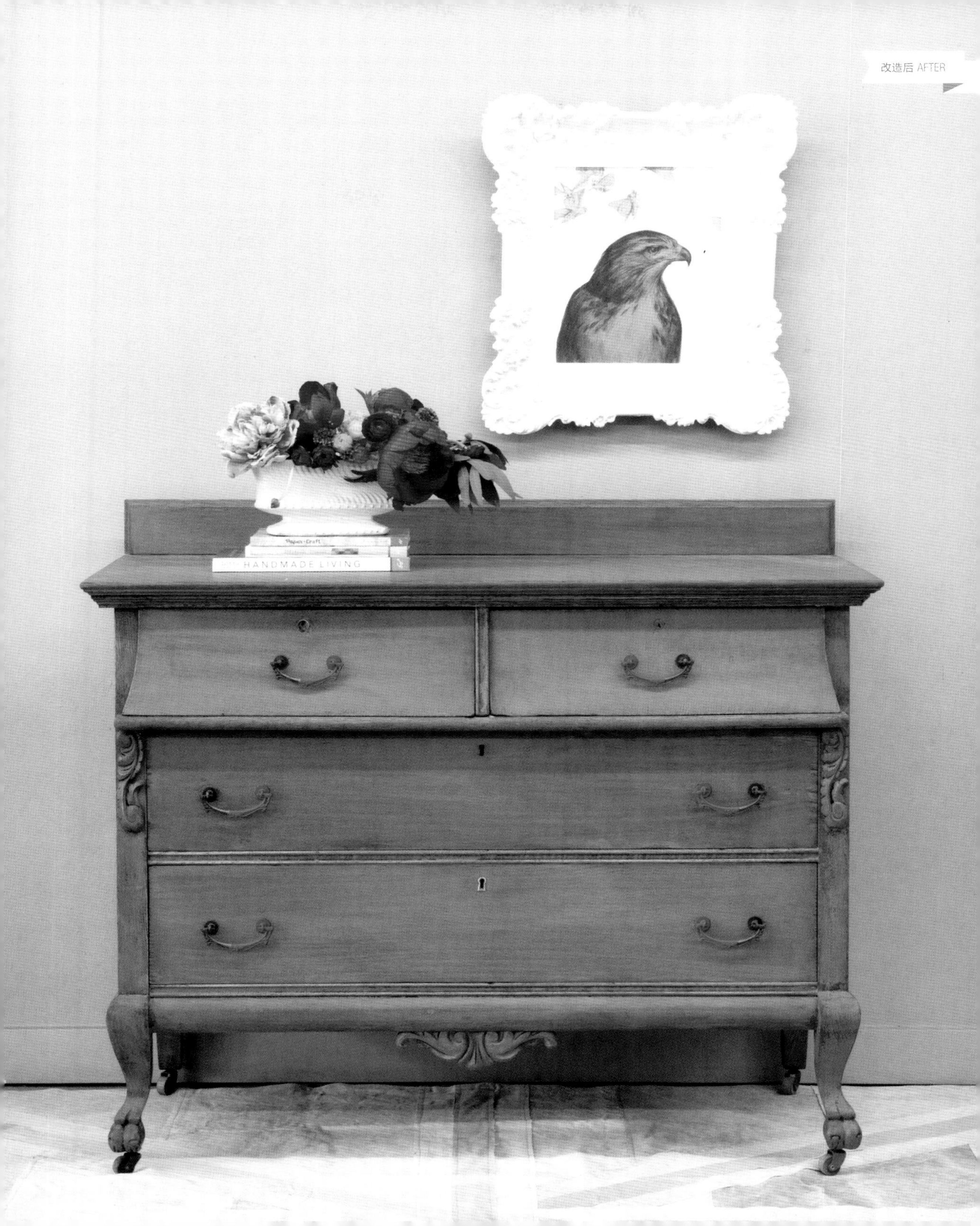
HANDMADE LIVING

# 撒切尔 THATCHER

　　这件家具是我专门为了贴壁纸而打造出来的。我亲自设计整件家具，好将壁纸贴在想要的抽屉前板和侧边内嵌装饰板上。有的时候要找到适合贴壁纸的物件颇为困难，所以我想如果能自己打造一件需要贴壁纸的完美家具，省去到处奔波的工夫倒也不错。于是我委托当地一位出色的木匠为我制作了这件家具。虽然定做家具比二手家具贵，但能找到一件像白纸般的家具，用油漆和纸让它化身为令人惊叹的家具却是另一种感觉。改造的结果让我惊叹不已，我超爱那些小小的柜脚！

改造前 BEFORE

1 ▸ 以泡棉滚筒将乳胶漆涂在整体表面。（详见 P52 上漆）。

2 ▸ 将壁纸贴在抽屉前板和侧边内嵌装饰板上。（详见 P88 蝶古巴特）

3 ▸ 以细颗粒的研磨海绵轻轻磨砂、仿旧。

4 ▸ 涂刷上聚氨酯漆。（详见 P48 聚氨酯漆）

改造后 AFTER

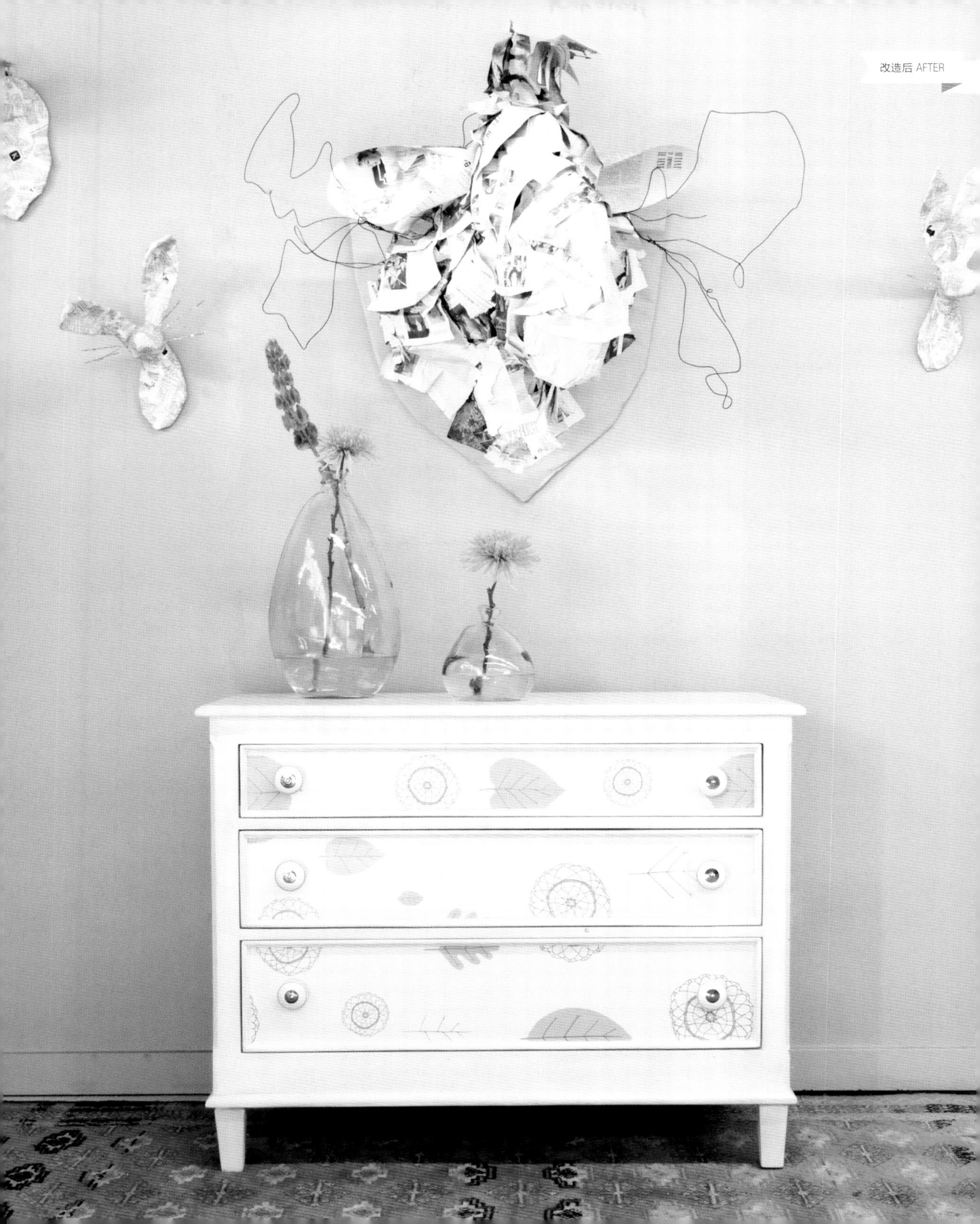

# 佩尔佩图 PERPETUA

　　这张桌子是我在一场遗产拍卖会上买到的，而它也是我截至目前经手的最难改造的家具！桌子的木皮大量从底部脱落，侧边也有一大块木皮不见，我得花上好几天的时间进行上胶、上夹子、去除木皮和磨砂，然后才能给它上漆，不过这些都是值得的。这张桌子的设计非常特别，除它之外我再也没有见过类似的家具。它不仅特别而且售价还非常低，因此我愿意多花时间和精力来进行修复。记住，物件的独特性就是关键！

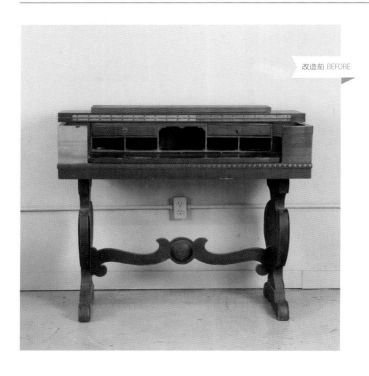

改造前 BEFORE

1 ▸ 上胶夹紧、去除木皮和磨砂。（详见 P43 上胶夹紧、P36 磨砂）

2 ▸ 用两种颜色进行多层上色。（详见 P108 多层上色）

3 ▸ 上蜡。（详见 P58 上蜡）

4 ▸ 桌子内部使用喷漆上色。我先把一部分移开，再进行喷漆，等干了之后再重新接回去。（详见 P112 喷漆）

5 ▸ 安装上金属玫瑰的小把手，增添甜美的感觉。

me in pleasant places;
indeed, I have a
beautiful inheritance."

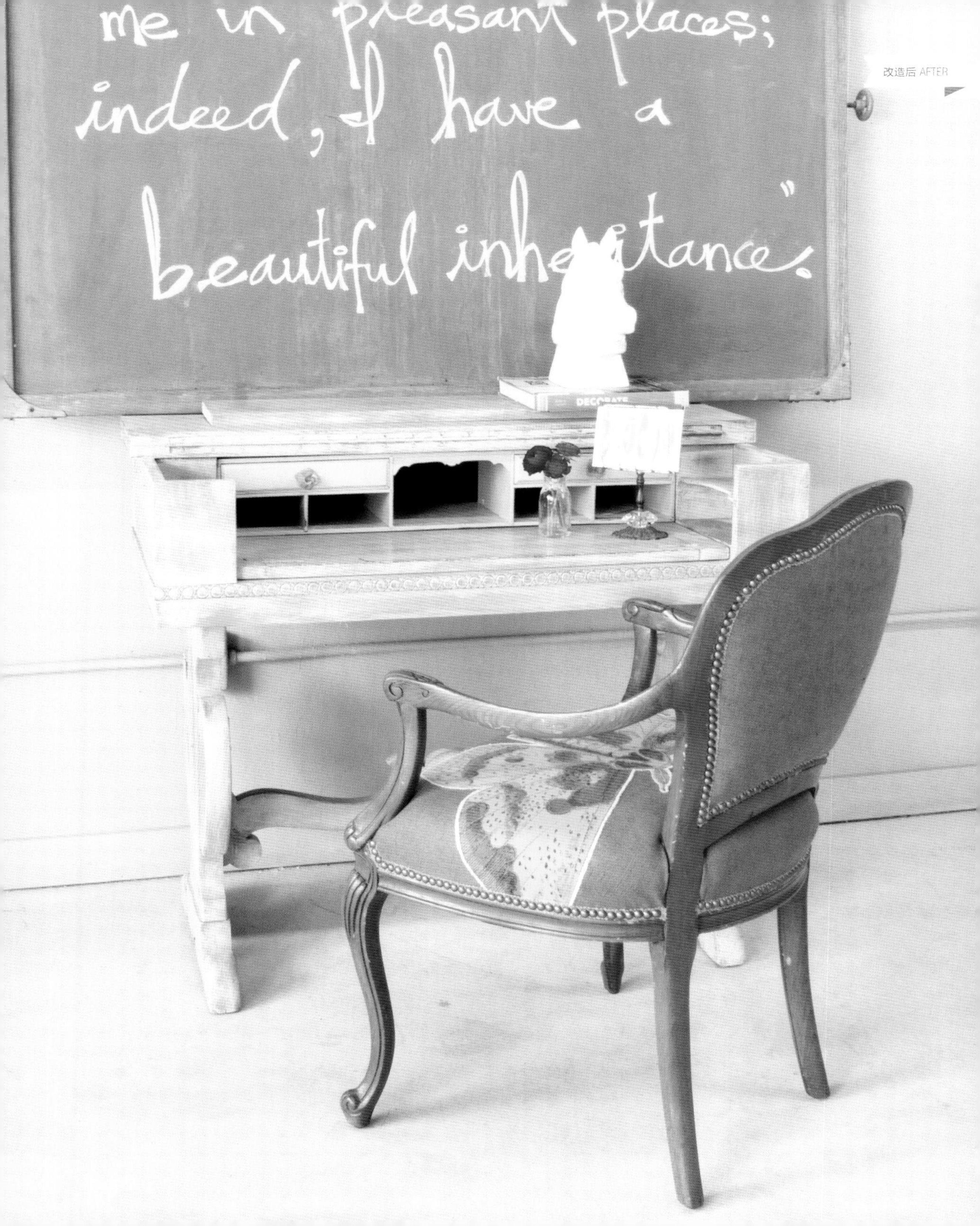

# 图利亚 TULLIA

　　当我第一眼看到木板上的刳刨凹槽时，我就知道它非常适合用壁纸来装饰细部，因为它下凹的轮廓，能让壁纸的修剪工作更加简单，美工刀能顺着凹槽的边缘完美将纸裁切下来。我最喜欢这件家具的厚实感和螺旋床板柱的温柔感。我喜欢将黑色油漆涂刷在深色木头面漆之上，然后在黑色漆面上涂刷胡桃色着色剂，这样，整体表面就会显得饱满、温暖又美丽。

改造前 BEFORE

1 ▶ 以泡棉滚筒涂刷乳胶漆。（详见 P52 上漆）

2 ▶ 在内嵌装饰板上贴壁纸。（详见 P88 蝶古巴特）

3 ▶ 用美工刀仔细裁切壁纸。

4 ▶ 涂刷 Minwax 胡桃色着色剂。（详见 P56 着色剂）

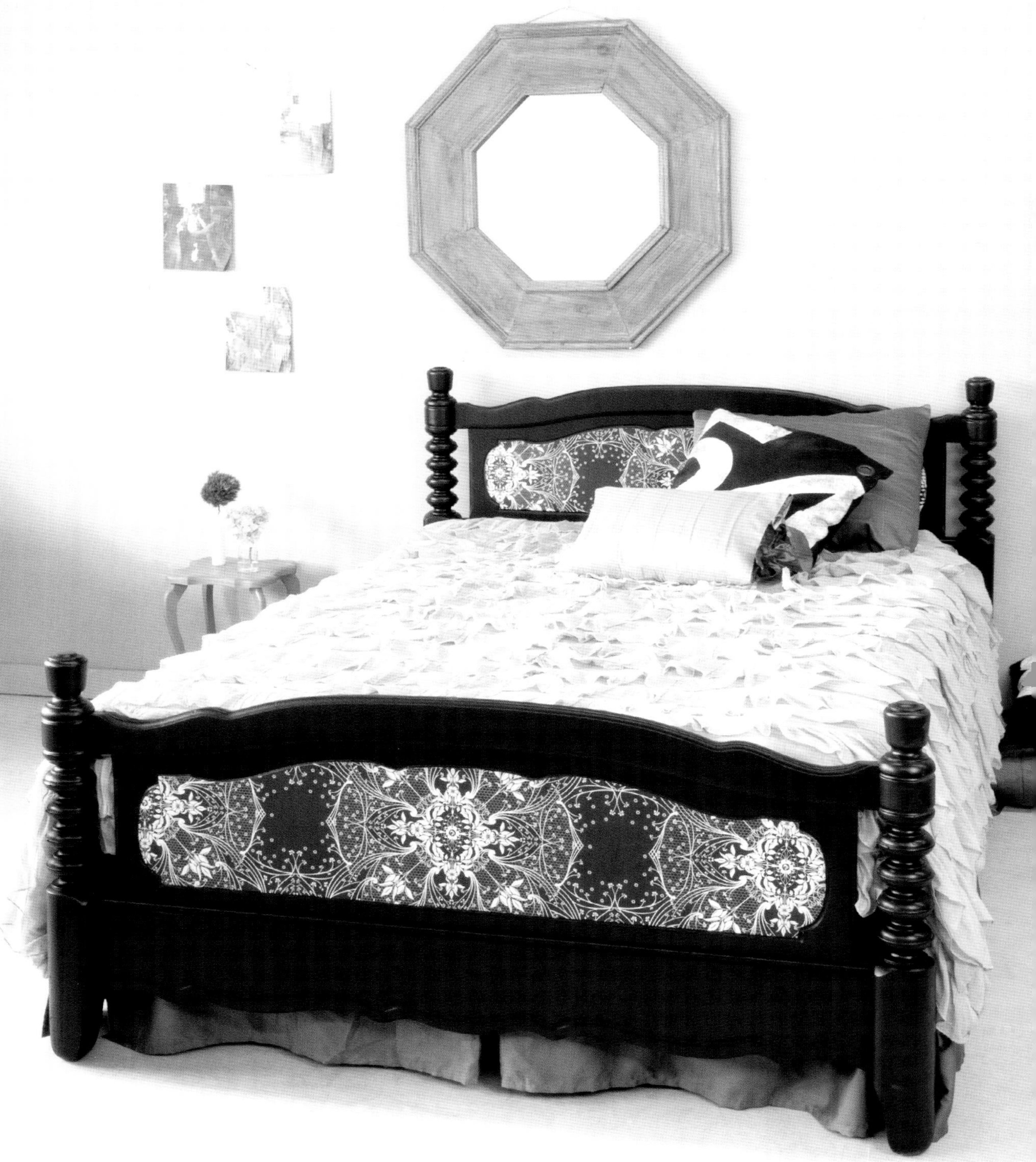

# 瑟琳娜 ZELINA

　　书桌是我的作品中非常受欢迎的一类家具，所以只要一有中意的物件我就会买下来。这张书桌造型独特，它柔美的线条和花朵造型的细部都让我倾心不已。我每次都会被家具的细部装饰吸引，仿佛听见它们要我为其上漆的请求。现在我已经迫不及待要在那些可爱的小巧雕花上涂刷油漆了！

改造前 BEFORE

1 ▸ 运用模板设计出圆形的图案。（详见 P80 模板）

2 ▸ 在漆面上进行磨砂，制造出洗练、仿旧的感觉。

3 ▸ 在漆面上涂刷 Minwax 胡桃色着色剂。（详见 P56 着色剂）

4 ▸ 安装上从 Anthropologie 购入的陶瓷粉色圆瓜状把手。

# 店家资讯 RESOURCES

以下是我爱去的店，全部都是采购家具、工具材料、家饰艺术品、手工制品的好去处。

## 找家具
## FURNITURE FINDS

### ANTIQUES ON AUGUSTA

这间店在我心中的地位无可取代。多年来他们不仅卖我改造的作品，而我也从他们那儿买进了不少二手家具。我从来没见过货物如此齐全的古董店，凡混搭、古典、现代、乡村风格的家具在那里都找得到。如果你住在南卡罗来纳州的格林维尔的话，你一定要去逛逛，他们也有外地运送服务。

### GOODWILL

在Goodwill永远都能找到家具、玻璃制品和独具风格的老件。
www.goodwill.org

### GREYSTONE ANTIQUES

这是我的朋友泰瑞在南卡罗来纳州格林维尔的古董店。本书里有几件家具的修缮工程都是出自他的手，也有几件是直接从他那里购买的。我在他那儿买了一大堆家具，而他那里也总是有我要寻找的货色。好消息是他有跨州运送服务。
www.greystoneantiques.net

### MIRACLE HILL MINISTRIES THRIFT

我住的地区的二手店就数这间售价最贵，但是这里的家具质量真的没话说。在这里能找到很棒的玻璃制品和独特的老件。
www.miraclehill.org

### SALVATION ARMY

我在Salvation Army（救世军慈善义卖）买过很多很棒的家具。他们的售价更是别人赢不过的地方！
www.salvationarmyusa.org

# 花卉
## FLOWERS

### AMY OSABA

Amy的花艺设计真是美到不行。本书的P2、P75、P155、P171、P173、P183都能看到她精彩的作品，而我很荣幸能邀请到她。她从亚特兰大一路开车过来帮我制作本书中的插花，如梦似幻的美丽意境，让人陶醉其中。
www.amyosaba.com

### FRESH MARKET

Fresh Market永远都有各种美丽的鲜花。
www.thefreshmarket.com

### TRADER JOE'S

Trader Joe's是另一个我取得花卉、香草盆栽的所在。当然，那边的黑巧克力花生酱杯子蛋糕更是我上漆时补充能量的好东西（眨眼）。
www.traderjoes.com

### WHOLE FOODS MARKET

Whole Foods是我采买鲜花时一定会去的地方，而且他们的价格很合理。对我来说鲜花就像每天吃的面包、奶油一样，每周例行的拍照我都要用上好几次鲜花，有时快来不及时还得冲出去买。即使是这样紧迫的时刻，我在Whole Foods的花艺区也能买到很棒的花。
www.wholefoodsmarket.com

# 工具及材料
## TOOLS & MATERIALS

### ACE HARDWARE

Hardware是我会去采买轮子和Krylon喷漆的地方。他们的喷漆价格最便宜，而且颜色齐全，新色、旧色都买得到。
www.acehardware.com

### ANTHROPOLOGIE

Anthropologie是五金寻宝的好地方，虽然大部分的人去那边可能都是去买衣服和摆饰的，但我一进去就直奔五金把手区！那边的壁纸也很棒。看看离你家最近的店在哪儿，不然就上网订购吧！
www.anthropologie.com

### BENJAMIN MOORE

Benjamin Moore的油漆在我心中永远有着一席之地，特别是他们的Aura 系列。这些颜色真是漂亮到没话说，而且质地顺滑又不厚。改造家具时，他们的漆是我的首选。
www.benjaminmoore.com

### COST PLUS WORLD MARKET

World Market 最近开始贩售五金和把手，不过我光顾此处的最主要目标是他们精彩的手工纸。
www.worldmarket.com

### ETSY

Etsy是个专售布料、印刷图画、风格独特的手工艺品、家饰品以及贴图的网络商店。本书P76转印贴图单元中使用的箭头贴图就是在这里买的。
www.etsy.com

### HOBBY LOBBY

全国连锁的Hobby Lobby是另一个采买把手和五金的好去处，而且他们一年到头都打五折，所以你能用很划算的价格买到很棒的五金。
www.hobbylobby.com

### HOME DEPOT

这个地方是我的游乐场，在里面光是看看那些工具、材料等就让我心旷神怡。只要去一趟就能买到所有改造家具需要用到的东西。
www.homedepot.com

### JENNY LEIGH DESIGN

本书P108多层上色单元中所使用的黑板漆就是在Jenny Leigh Design买的。你还可以在这里买到那支我超爱的蜡刷，那支刷子真是必买的好工具！
www.jennieleighdesign.com

## JU JU PAPERS

这是位于俄勒冈州波特兰的一间制造手工印刷壁纸的小工作室。所有的壁纸都是按照订单要求手工印刷而成的。本书P64贴壁纸单元就用了一些此工作室设计的精彩壁纸。

www.jujupapers.com

## LOWE'S

这是我的另一个游乐场。只要去一趟就能买到所有上漆时需要用到的材料。

www.lowes.com

## MICHAELS

Michaels有着超齐全的手工艺材料，每次走到Martha Stewart的亮粉、纸张、工具前，我都会迷失在里头。本书P135、P165用来当背景的木纹纸就是在Michaels买的。

www.michaels.com

## OLD-FASHIONED MILK PAINT

牛奶漆是我最爱用的漆料，而且能做出古典的氛围。如果当地商家没有卖牛奶漆，就来这里买吧！

www.milkpaint.com

## PAPAYA

这是间网络商店，他们专卖包装纸和其他色彩丰富且充满艺术气息的家饰品。

www.papayaart.com

## RALPH LAUREN

我真的很喜欢Ralph Lauren油漆那种顺滑的一致性，而且里面有一些是我必买的颜色。我通常在当地的Suburban Paint Company.购买，如果当地商家没有贩售Ralph Lauren油漆的话，就查查最近的零售商在哪里，不然就上网买吧。

www.ralphlaurenhome.com

## STENCIL 101 DECOR

这是艾德·罗斯的书，里面有很多模板，是装点家具的好帮手。大力推荐！

www.stencil1.com

## SUBURBAN PAINT

这是我在格林维尔最爱去采买材料、油漆的一家店。不管是Benjamin Moore油漆，还是喷漆时用的所有Montana Gold喷漆，我都是在这里买的。这间店是家族经营，员工们不仅超级亲切，而且经验老到又非常有才华。他们的五星级服务总是令我惊讶，是我最爱的商店之一。

www.suburbanpaintco.com

## TOUCH OF EUROPE

这是另一间网络商店，贩售非常漂亮的纸制品，本书P88蝶古巴特技巧用的帆船图案纸就是在这里买的。

www.touchofeurope.net

## WOODCRAFT

我是Woodcraft的常客了，认识我的都叫我"牛奶漆女孩"！我大部分的牛奶漆都会在这里买。我喜欢Woodcraft（全国连锁）的原因是所有的员工都非常有经验，对于油漆和各种不同木材都有着丰富的认知。

www.woodcraft.com

# 家饰品
# HOME ACCESSORIES

## IKEA

Ikea是我最喜欢去采买布料、餐巾纸、收纳用品、灯具的地方。我喜欢这些充满瑞典氛围、极简风格设计的商品。

www.ikea.com

## POTTERY BARN

Pottery Barn是采买布织品、灯具、地毯的好去处。

www.potterybarn.com

## TARGET

无论要买什么，只要来一趟Target就对了。我最喜欢的是他们会把很棒的设计师品牌混搭在一起，让大家能享受既平价又有设计感的消费。此外，Target也有一系列美丽的家饰品可供选择。

www.target.com

## THOMAS PAUL

Thomas Paul里面的每件居家用品我都好爱，特别是枕头和美耐皿餐具，而且里面每件单品的用色和图案都棒极了。

www.shopthomaspaul.com

# 艺术家及艺术品
# ARTISTS & UNIQUE FINDS

## ART AND LIGHT GALLERY

20世纪60年代的灯具、家具、艺术品全都融合在这间艺廊里，还有更多出色的现代风格的家饰品，应有尽有，让你目不暇接。

www.artandlightgallery.com

## CARRIER STUDIO

这间工作室的创办人——安洁，是位出色的拼贴艺术家，同时也是布料设计师以及画家。你可以在本书P127看到她设计的美丽的蝴蝶枕头，以及P8和P117里的蝴蝶椅子。

www.acarrierstudio.com

## CRANNY

这是我妹妹在Etsy网站上成立的一间超棒的店。Cranny里面有一大堆很棒的纱线圈、纱线树、照片和布花圈等。P125中的编织圈就是购自Cranny。

www.etsy.com/shop/crannyfoundfavorites

## DIANE KILGORE CONDON

她是格林维尔当地的一位艺术家，也是我的朋友。她能创作出令人为之惊叹的作品，是才华与经验融一身的创作家，P125的小鸟画作就是她的作品。

www.artbombstudio.com

## JOSEPH BRADLEY STUDIO

乔伊的用色很精彩，而且他画作中柔和的色彩真是美极了，P155的猫头鹰画作和P171的小鹿画作皆是出自于他的手。

www.josephbradleystudio.com

## KEEP CALM GALLERY

这间网络商店贩售各式各样精彩的印刷图画，他们最独家的是凸版印刷图画。P169中裱框的图画就是在那儿买到的。

www.keepcalmgallery.com

## KOELLE ART

安妮·科艾尔很擅长创作美丽的鸟儿、小虫、风景。安妮的作品深深吸引我的原因是她很会利用手边的框架或其他东西来衬托出作品的明亮感和轻盈感。P173的老鹰画作是我个人的最爱。

www.anniekoelle.com/home.html

## LILY WIKOFF

莉莉是一位才华横溢的陶艺家，她能制作出美丽的船、珠宝以及鲜艳欲滴的花园等。

www.lilywikoff.com

## ROYAL BUFFET

我的纸型麋鹿头已经有它自己的知名度，也几乎要成为Knack的注册商标，而P127和P175中所有的吊饰和纸型动物头，都是由我在RoyalBuffet 工作的朋友莫利·格林帮忙制作的。

www.molliegreene.com

## SOMETHING'S HIDING IN HERE

我一直都是这家店的粉丝，也很欣赏他们对于设计的精锐眼光和源源不断的点子。P133中的那件美国形状的油画就是在这里购买的。

www.somethingshidinginhere.com

著作权合同登记号：豫著许可备字 –2015–A–00000063

中文简体版本经由玉流文化版权代理独家授权。

图书在版编目（ＣＩＰ）数据

手改旧家具 /（美）芭波·布莱尔著；卓小匀译
—— 郑州：中原农民出版社，2017.5
ISBN 978–7–5542–1605–7

Ⅰ.①手… Ⅱ.①芭… ②卓… Ⅲ.①家具—制作
Ⅳ.① TS664

中国版本图书馆 CIP 数据核字 (2016) 第 319248 号

出版：中原出版传媒集团　中原农民出版社
地址：郑州市经五路 66 号
邮编：450002
电话：0371–65788679
印刷：河南省瑞光印务股份有限公司
成品尺寸：185mm×228mm
印张：11.75
字数：222 千字
版次：2017 年 5 月第 1 版
印次：2017 年 5 月第 1 次印刷
定价：78.00 元